本书受 河南理工大学测绘与国土信息工程学院河南省地理学重点学科
河南理工大学工商管理学院　能源经济研究中心　河南省一级重点学科"河南
理工大学工商管理学科"　河南理工大学国家社科预研项目（GSKY2022 - 10）
资助

河南省实施黄河流域生态保护和高质量发展路径研究

李丽娟　黄建军　李山勇◎著

Study on Ecological Protection and
High-quality Development Path of Yellow
River Basin in Henan Province

中国经济出版社
CHINA ECONOMIC PUBLISHING HOUSE

·北京·

图书在版编目（CIP）数据

河南省实施黄河流域生态保护和高质量发展路径研究 /
李丽娟，黄建军，李山勇著 . --北京：中国经济出版社，
2023.2

ISBN 978-7-5136-7250-4

Ⅰ. ①河… Ⅱ. ①李… ②黄… ③李… Ⅲ. ①黄河流
域-生态环境保护-研究-河南 ②区域经济发展-研究-
河南 Ⅳ. ①X321.261 ②F127.61

中国国家版本馆 CIP 数据核字（2023）第 039313 号

责任编辑　杨元丽
责任印制　马小宾
封面设计　任燕飞设计

出版发行　中国经济出版社
印　刷　者　河北宝昌佳彩印刷有限公司
经　销　者　各地新华书店
开　　本　710mm×1000mm　1/16
印　　张　13.25
字　　数　177 千字
版　　次　2023 年 2 月第 1 版
印　　次　2023 年 2 月第 1 次
定　　价　69.00 元

广告经营许可证　京西工商广字第 8179 号

中国经济出版社　网址 www.economyph.com　社址 北京市东城区安定门外大街 58 号　邮编 100011
本版图书如存在印装质量问题，请与本社销售中心联系调换（联系电话：010-57512564）

黄河流域河南段整体上处于城市工业时代后期转型发展的阶段，其集聚功能大于扩散效应，因此虹吸效应更为明显；同时作为黄河中下游流域，统筹协调开发与环境保护的高质量发展对其经济可持续发展和生态保护亦具有重要现实意义。本书以河南省境内黄河流域及其周边地区为研究区域，通过运用多指标综合评价法、分类比较法、GIS 空间分析等方法技术，从自然生态因子、环境保护因子和经济社会因子等多层面进行研究，探索出河南在黄河流域生态保护和高质量发展中的功能定位和实现路径。处于黄河中下游流域的河南省，其功能定位是保护生态环境，发展生态经济。高质量发展核心实现路径包括：①完善政府导向控制力，创新特色产业发展模式。强调政府对在智能社会、全球化浪潮和融入国家战略中探寻黄河流域生态经济和依托"互联网+"开发绿色产品提高利润，促进经济结构转换且具有地方特色的新型产业发展模式的引导作用。②提升人口承载力，创新核心驱动力模式。把郑州黄河沿线打造成为黄河流域生态环境保护和区域经济高质量发展重点核心区域，同时提高洛阳作为副中心城市的地位，使之成为中原城市群经济发展的带动、引导、示范副中心，推动郑州、洛阳、开封、焦作、许昌、新乡等中原经济集聚区成为中原经济发展新的绿色生态发展标准示范区和新的增长极。③聚焦黄河流域主线，协同新型城镇化发展模式。强调河南省境内黄河流域的人口迁移、水资源高效利用和基础设施建设等协同发展问题。

　　限于水平、经验和时间，本书难免存在不足之处，望读者不吝赐教。全书分17章，李丽娟主持完成本书，其中第3章和第4章由黄建军撰写。

目录

第 1 章

黄河流域概况

1.1 黄河流域自然环境

1.1.1 历史发展

历史发展中，曾经的黄河流域气候温暖湿润、植被覆盖率高、泥沙含量较少，水资源丰富，孕育了黄河文明。黄土高原和华北平原组成了黄河中下游地区，其距今 5000 年左右的地理环境适合人类居住，同时期人口数量急剧增加，经济得到大力发展，黄河文明发源重心在此形成，也证明了其原始环境的优良。西周时期，我国第一个寒冷期出现，带来了气候的周期性波动，在自然和人为因素的共同作用下，区域出现植被破坏、水土流失、决堤等灾害，从最适宜人类居住、孕育辉煌农业文明的昨天发展到了灾害频繁、水土流失严重的今天，应该引起人类充分的重视。秦汉以前，中国的经济重心一直在黄河流域，尤其是中原区域的黄河流域。汉魏以后，黄河流域大批农民为逃避民族压迫和战乱南迁，黄河流域丧失了经济首要地位，安史之乱后更是被南方地区所取代。局面延续到今天，原因复杂，其中重要一点就是自然环境的变迁。

丰富的物质和良好的生态环境都是人类生存的基础，且人类社会本身也是自然界产物；反过来，人类社会对自然环境也会产生影响。纵观历史，黄河流域由孕育黄河文明变成满目疮痍，生态环境的变化极大，在自然因素和人为因素双重作用下，黄河中下游地区尤为如此。自然因素包括气候变迁、植被变化、水文变化和地质地貌等，人为因素包括人口数量变化、环境保护意识淡薄和战争等。

1.1.2　气候因素

温暖湿润的气候非常有利于农业的发展，冷暖交替的气候对环境的影响包括直接和间接两个方面，总体变冷变干的趋势会限制植被的生长，从而直接影响水文和土壤等自然环境，更是间接影响到大规模的移民及人口分布、产业分布等。黄河文明及黄河中下游地区的环境就在中国历史上数次的冷暖交替中艰难前行和变化。黄河流域的气候变化幅度相对较大，中下游地区更为明显。气候变化趋势的总体变干变冷增加了自然灾害的发生频率，对环境破坏极大。新石器文化遗址的发掘，证明黄河中下游地区早期温暖湿润并且有茂盛的森林植被，商代时，黄河中游的关中地区采伐林木，黄河下游的河南地区物种繁盛。随着东汉末年寒冷空气对黄河流域的侵袭，整个黄河流域的农业生产受到较大影响，尤其是小麦的单产普遍下降。发展到唐代以后，气候急剧转寒，黄河流域出现大量沙地和盐碱地，天然植被遭到破坏，同时，由于气候变冷，植被的破坏直接造成水土的流失，甚至波及经济政治，黄河流域的兴衰和黄河文明的兴衰同步。气候温暖时期，民族关系较为和睦，气候寒冷时期，民族关系较为尖锐，战争频繁。气候变冷后黄河流域植被类型渐趋单一，生态系统变得越来越脆弱。

1.1.3　水文特点

水文变化也是自然环境变迁的重要原因，现今的黄河天然年径流量580亿立方米。黄河流域的水资源特点为：①水资源不平衡。黄河流域的年径流量仅占全国的2%。②区域流量分布不均。黄河流域兰州以上地区面积占黄河的29.6%，年径流量占55.6%，龙门至三门峡区间的流域面积占全黄河的25.4%，年径流量占全黄河的19.5%。③汛期旱涝变化大。在每年汛期的7月至10月，干流及较大支流径流量占全年径流量 60%以上。

平原地区和黄河中下游地区气候湿润、地形平坦、水资源和动植物资源丰富，绝佳的自然环境给人类的生存与发展带来了可能，当时低下的生产力水平对土壤、水文等自然要素影响不大。随着人类文明的发展，人口数量逐渐增加，意味着某一地区人类活动对自然环境影响程度会加大。随着耕地面积扩大和建筑木材与薪柴需求的增加，森林与自然植被的破坏速度加快、程度加剧，黄河流域的地区承载力达到极限，因而环境质量受到很大的挑战，黄河流域各种资源的开发利用超过一定阈值，这样对资源无底线无限度地开发，最终会导致资源的破坏性利用，使经济环境受到毁灭性的打击。人类追求个人利益导致资源意识淡薄，暂时性的经济利益阻碍了人们从宏观角度对水资源的整体把握，于是环境日益破坏取代了昔日的辉煌。肥沃的土壤流失后，土壤异常贫瘠，加速环境恶化，使地区不适宜人类继续居住。伴随着经济重心的变化，政治中心也发生了很大变化，中国早期王朝如西周、秦、西汉等建都于临近黄河且地势险要的优越地理位置如关中地区的咸阳和西安，当关中地区由土壤肥沃、自然条件优越、农业发达转变为过度开发导致的生态环境恶化之后，政治中心也相应东移到条件更为优越的洛阳和开封等地。

1.2 黄河流域自然资源

1.2.1 水资源

水资源是一种特殊的自然资源。人类在发展早期认为地球的水资源通过循环作用取之不尽、用之不竭，且早期人口数量的局限使得对淡水的需要能得到满足。随着人口的增长和生活水平的提高，人类对水资源的需求不断增加，呈现持续增长趋势。不同于其他自然资源，水资源具有不可替代性，随着科技的发展，其他资源都可以再生产或找到替代品，唯独水资源在生活中无法寻找到替代品且为人类所必需，是人类不可或缺的重要物质。黄河流域的东南部处于湿润、半湿润地区，降水量最多，黄河流域的西北部处于青藏高原和沙漠戈壁地区，降水量最少，一般地讲，黄河流域降水量的总趋势和全国一样，由东向西或由南向北递减。由于黄河流域主要包含干旱、半干旱区，所以水资源的降水补给偏少，在复杂的自然地理环境影响下，空间上的黄河流域水资源也存在不均衡现象。水资源转化为资产已具备了三个条件，即稀缺、产生效益、具有明确的所有者，因而它是一种自然资源资产。《21世纪议程》指出水资源的社会性和商品性，说明水不仅是自然资源，也是一种社会有价物品。在生态系统中，水资源的数量和质量在变化，而其长久性的根本性的用途和性质具有不可替代的特点。为了保证大自然生态系统的正常运行和满足人类的生产生活，必须对水资源进行保护，这样才可以实现水资源的可持续利用。在开发水资源时，当使用超过基本需求时，就应该向用户适当收取水费。如此，既保证了水资源成为人类生存之必需的基础性自然资源，又确定了其作为国家经济发展之必要的战略性的储备资源的地位。当前世界水资源呈现短缺状态，面对高速发展的经济，我国水资源也明显不足。水资源通过全球范围内的水文循环得到再生，但由于现代社会的快速发展，人类对水资源的利用速度已经超过了水资源的可再生速度，导致水资源越来越稀缺。黄河流域的水资源具有系统性和流动性两项重要特征，开发利用时需要注意。黄河流域水资源是一个自然生态系统，利用现代科技手段对水资源进行大规模开发利用将对生态系统产生影响，认识黄河流域水资源系统并合理利用，进而影响水资源的再生性，对保证流域经济与社会可持续发展至关重要。

作为中国第二长河流，黄河承载着国民经济和社会发展的重担，是复杂难治的河流。在开发利用过程中，超负荷开发利用水资源会导致黄河水资源产生一系列严重问题，如下游断流、下游河道淤积、下游洪水、水质污染等。随着黄河流域的经济发展，一些污染型工业企业违法生产，排向黄河及支流的污水数量和强度也在不断地增加，再加上黄河枯水期增长，洪水泥沙泛滥，加剧了黄河水资源的短缺，甚至会形成断流无水用、不断流有水也不能用的局面，使得流域内水资源供需矛盾突出。黄河流域中部的黄土高原水土流失严重，形势极为复杂严峻，叠加黄河流域大部分干旱、半干旱区缺水断流的恶劣影响，使得沿黄河流域的很多城镇的供水受到影响，导致区域发展受到制约。黄河沿线九省区的工业、农业和生活用水都来自黄河，黄河 1972 年出现第一次断流，之后的 25 年间，有 19 年出现断流，1987 年后几乎年年断流，其断流时间不断提前，断流面积不断扩大，断流的频次、时长不断增加。1997年，黄河断流达 226 天。黄河水资源的短缺严重制约了流域的经济发展，缺水也对流域的生态环境平衡造成了严重影响。黄河缺水造成中下游河道淤积，两岸面临日益严重的洪水威胁。黄河流域特别是工业较为发达的中原流域、山东流域几乎凝聚了中国所有的与水有关的矛盾，是我国水问题高度集聚的缩影，黄河的治理问题是一个综合性的、复杂的系统工程，堪称世界级难题，国家投入了大量精力、物力、财力。国家对黄河实行统一调度，遏制用水混乱行为，并保证基础环境用水。南水北调中线工程通水后，在一定程度上减少了对黄河水的抽取。2000 年，济源小浪底枢纽工程竣工后，发挥调蓄作用，缓解了日益严重的黄河水资源短缺危机，断流现象停止。针对黄河流域的管理体制考察其水资源配置可知，其自身的局限性导致其无法完全克服体制失效，需要从根本上解决体制转型的统一管理问题。黄河流域水资源的管理必然依靠复杂的、混合的制度安排，既需要计划，也需要市场。黄河流域既需要中央权威的集权统一管理，又需要基层地方的民主参与和分权自治管理。在计划经济体制下，黄河水资源管理存在一定的制度缺陷，现在需要运用法律、行政、经济和技术等手段将黄河上、中、下游整合为一个整体，将兴利与除害结合起来按流域实行水资源统一管理。黄河流域管理的原则：首先，要把人类社会与经济和保护人类赖以生存的自然生态系统看作一个整体。其次，在水资源开发和管理机构，要有公众参与决策，用水单位和公众参与到项目规划、执行和评定工作中，提高公众对水的重要性认识。最后，要承认水是有经济价值的商品，开展有效而公平的水资源管理。可持续发展理论目前还不够成熟，目前能够做到的是在水资源的开发过程中确定哪些行为是不可持续的开发方式，并采取相应的补救措施消除其所产生的不利影响。实际工作中，在规划设计阶段确定不可持续利用的所有因素，并采取措施。要完全消除不利影响是非常复杂的事情。尽管如此，考虑负外部性问题、短期性和长期性的利用问题将有助于水资源的可持续利用与管理。私人效益与社会效益不相等时会出现负外部性问题，人们往往会做对私人有利而对社会不利的行为。如上游引水过多加之天气干旱导致水源枯竭、水流缺失，下游无水可用；上游持续排入大量污水或导致下游无法用水，即便能使用，成本也会不断增加。经济学家倡导通过强化税收补贴等相关法律法规来遏制此类问题的反复发生。传统的思维模式已不能适应现代社会的发展，以人类的价值观去改造、利用自然，使人类始终处于与自然相对立的状态，现代社会取得巨大进步，但自然环境却遭到了严重的破坏，最终结果是人类不断地、持续地遭受大自然的报复。

将人与人之间的伦理关系拓展到人与自然关系的环境伦理学成为环境指导思想，现代环境伦理学有三大主张：①自然的生存权问题。人是自然界的一部分，尊重自然环境，与环境和睦共处，与自然界其他物种、生态系统等具有同等权利。②世代交替理论。提倡代际公平，对待人类的未来发展，要求资源和环境在代际进行公平分配；代内平等则要求资源和环境在代内进行公平分配。③地球有限主义。认清自然资源的限度，反对掠夺性地开发资源，倡导可持续性生产和消费，节俭使用资源。人类的优越性表现在具有道德意识，这是人类与其他物种的最主要区别，环境伦理学家认为人类应该运用独特而优越的理性思维和道德约束，这样更有利于人类的生存延续发展，且有效维护整个生态大系统的自然平衡与和谐，有助于生态系统的自身稳定，同时有助于自然界其他物种的繁衍与繁荣。环境问题的实质是人类文化追求和人类生存价值取向问题，不单单是技术经济问题，我们除了要认识人与社会、人与自然的经济关系外，更要认识到自然的非经济价值，特别是审美、教育、心理和人格等精神价值。人类的道德进步目前已经形成这样的共识：对我们的朋友负有义务，也对与我们生存于同一时代或下一代的其他陌生人负有义务。我们需要提高对环境伦理的认知，以便解决当前环境问题。环境经济学中的优化效率和可持续发展决定了资源与环境经济的最基本特征：①产权、效率和政府干预。环境经济学的核心问题是生态资源在合理的空间内实施有效配置。现代经济学表明，明确清晰并且可实施的私有产权、竞争的市场价格促进资源的有效配置、政府如何有效实施干预政策应该成为环境经济学的核心问题。②资源利用决策的时间尺度。要长期利用环境资源且达到最优有效，需要考虑经济学中的资本回报率与环境资产的回报率。自然资源环境的存量可以为人类获得环境服务提供长期保证，为有效配置资源环境，还需要考虑长期和短期、动态和静态等尺度。③可替代性及不可逆性。自然资源可分为可再生资源与不可再生资源，在环境经济学中，大自然中具有超强繁殖能力的生物性动植物群体，是存量资源中的不可或缺的可再生资源。不具有生长能力的非生物性的矿产储量是不可再生资源，若长期利用必将耗尽。如果对水资源的利用速度超过其再生速度，水资源也将被耗竭，其具有不可逆性，不可逆性是指环境与资源在被利用过程中遭到破坏后不可恢复的性质。为限制机会主义行为，保护个人的自由领域，帮助人们缓解冲突，必须制订规则与制度，规范人际交往和人类与自然环境的关系。经济活动总是在一定的经济制度框架中进行的，产权制度是最基本的经济制度，对经济增长、提高经济效率起着十分重要的作用。重新配置的产权结构降低和消除经济社会成本，提高运行效率，从而增加经济社会福利。

1.2.2 湿地资源

合理开发利用黄河湿地生态旅游资源，首先需要从资源的保护着手，在此基础上再谈合理开发利用。保护区旅游资源包括珍稀动植物以及必需的湿地资源。黄河流域的生态系统孕育着各类动植物，包括鸟类、兽类、昆虫、鱼类以及各种各样的植物。提到黄河流域的珍稀物种，不得不提到候鸟。候鸟在秋季和冬季进行迁徙，在更适宜的环境生存。候鸟种类多、数量大，有近 150 个种类，候鸟的迁徙与黄河流域的生态环境关系密切。珍稀动物是我们不可多得的资源，必须保护好，湿地资源也是如此。各行各业的发展都或多或少地影响着环境，水资源的浪费、土地的过度开发、水利工程的兴建都会影响湿地资源，湿地资源的大幅度减少也促使人们保护自然资源的意识有所增强。一个生态群落中的每一种动物、植物都有其存在的价值，它们也许只是一段生物链中一个小小的环节，但一个小环节的缺失也会导致整个群落的破坏，而且植物能够起到防风固沙、净化水源、美化环境等作用。自古河流两岸就是人类文明的发源地，人类靠近水源集聚才能够生存，而黄河也是中华民族的发源地，这里遗存了丰富的历史、人文景观，不仅有函谷关遗址以及龙山晚期遗址等众多文化遗址，还有后人将现代技术应用到环境改造中修建的水利工程、建筑景观等。黄河流域的生态旅游资源的开发，一定要对保护区内外所有旅游资源（包括已开发和未开发的）进行长期规范合理有效保护，决不能让旅游业的开发建立在对生态资源的破坏上。黄河湿地生态旅游资源的开发保护还需要考虑在旅游专项方面的诸多问题，应该充分利用大自然生态伦理学的基本理念指导人们在自然界中的行为，建立人与自然和谐相处模式，以保护环境为基础，在不破坏自然生态资源、湿地资源的基础上，大力发展生态旅游，将更具风格的设计融入自然环境中。充分利用周围的自然、历史、人文景观，将淳朴的民风民俗、特色民族文化、独特的地域风光都纳入生态旅游的发展中，如此，既能展现美丽的自然风光，又能将特色的人文情怀进行传播，满足游客欣赏美景、了解文化等多种需求。此外，要提高管理监督的水平，加强对游客的宣传教育，从根源上保护黄河湿地生态旅游资源。生态旅游是一项需要依靠自然环境的产业，生态旅游开发的过程中，无视自然生态环境的保护，过度追求经济效益、行业发展，就会打破自然界的平衡，也可能因为人类的过度介入对这些地区原本和谐的生态平衡造成影响，甚至对自然环境造成不可逆的损害，严重情况下将导致部分物种的消亡。发展旅游业应在开发自然环境、利用生态资源的同时，做到对自然的保护。不仅要对开发地区的环境进行合理评估、开发和保护，还要提高自然环境保护意识。黄河流域的上中游主要分布着牧草地，中下游主要分布着林地，黑山峡至河口镇有万亩黄河滩地，黄河三角洲、中下游滩地都极具开发价值。滩地的开发利用与水资源的分布有着密切的关系，利用特殊的土地资源，河南省郑州市黄河滩地生态建设工程运用高科技，把科研、生产、科普、生态观光旅游有机融为一体，形成了湿地牧草、芦笋、生态林，保护湿地的同时净化了空气。发展的生态旅游业带动了农村剩余劳动力就业，取得良好的经济社会生态效益。黄河滩地的生态资源优势已经转化为生态经济和旅游产业优势。

1.2.3　生态资源

黄河流域中上游地区存在的主要生态问题是土地的荒漠化，除了自然因素的影响外，不合理的人类活动如过载放牧、盲目垦荒等均加剧了土地荒漠化的进程。为发展经济而过载放牧主要发生在黄河流域中上游的部分畜牧区，很多地区出现超负荷放牧现象，使优质牧草被连续超量采食，草地繁殖更新受到抑制，地面裸露增加导致生态调控功能减弱，最终荒漠化严重。盲目垦荒主要发生在西部传统的农业区域和农牧交错地带，盲目垦荒破坏了当地生态平衡，耕作破坏草地植被，没有作物覆盖的大部分季节里，裸露松散的沙质土地在干旱的风沙中极易受风蚀，同时开荒缩小草地面积，增加了引黄耗水量，水资源的过度开发导致了黄河下游断流现象的发生，黄河实际上成为一条间歇性河流，这又加剧了土地沙化进程。随着西部大开发进程的加快，矿山、城镇、公路及铁路等建设用地占用了大量的绿色空间，用地的需求与日俱增，特别是新修的公路铁路所到之处都要开挖土地取石取土。绿化的面积和绿化质量都不如从前，最终导致荒漠化的面积增加。黄河中游地区的水土流失现象虽经多年的治理已初见成效，但流失面积和严重程度仍居全国之首。城市化进程加快，开发区建设和城市道路桥梁建设等土建工程急剧增加，大量耕地林地成为建设用地，破坏地表植被，水土保持能力减弱，改变原有自然地貌，城建过程中深挖高填产生废土废渣造成土壤的剧烈侵蚀，对流域内经济造成巨大损失。黄河治理开发难度加大，进一步影响工业和交通运输业发展。人类的这种社会经济活动对水土流失起着主导和决定作用，加上自然因素的作用，水土流失成为黄河流域内主要环境问题。当然，经过近年来大规模的退耕还林和生态建设，水土流失量也在逐渐减少。

1.3　黄河流域经济社会概况

我国很多重要区域中心城市和经济区、重要能源基地、粮食主产区、重要生态功能区都分布在黄河流域，黄河流域所拥有战略资源如煤炭、天然气、石油等较为丰富，随着国家大力倡导生态保护和高质量发展战略的实施，支持地区经济发展的潜力巨大，"一带一路"和西部地区的合作交流和产业链接越来越紧密深入，对黄河流域战略腹地起到重要的支撑作用。黄河流域水资源稀缺成为突出特点，水资源先天不足与水生态失衡的状况，一直是黄河流域大部分地区协调生态经济与社会发展关系最为关键的制约因素，黄河流域有限的水资源支持华北平原和胶东等相关地区的经济社会发展，而生态环境保护日益对水资源供给提出更高要求。提高黄河减淤及过洪能力需要河道自身健康发展，必须实施外流域调水，才能破解黄河水资源这个生态保护与流域高质量发展的最大刚性约束，至少应将此作为黄河流域与华北地区生态环境美好、经济腾飞的长期战略措施。黄河流域下游的水资源短缺制约着区间流域经济和社会的均衡发展。黄河流域由于位于干旱和半干旱地区，水资源本身不够充沛，再加上黄河流域内城市人口的高速增长和工业的迅猛发展，必然导致较快较多利用黄河水资源。黄河流域丰富的农牧土特产品为加工业提供大量优质原料，成为粮、棉、油种植业基地，上中游丰富的畜牧业，中下游的农业都需要大量水资源，造成黄河流域水资源严重不足，供需矛盾突出。黄河流域的畜牧业在全国占较大的比重。黄河流域中下游牲畜饲养业发达，河南省是重要的商品猪生产基地。粮食生产种植业主要集中于山东、陕西和河南。山东的苹果、陕西的核桃和河南的烟叶产量在全国均占较大的比重。

黄河流域上游地区，水资源相对比较丰富；中游地区，煤炭资源比较丰富，主要分布在陕西、内蒙古、山西等省区，煤炭的品质良好且品种齐全，具有埋藏浅和集中易开发等特点；下游地区，石油和天然气等资源储藏量较大。改革开放以来，黄河流域较薄弱的工业得到长足发展，建立和发展了多部门的现代工业，特别是能源、机械制造和纺织工业发展较快，流域内一些主要的工业部门已具相当规模，依托铁矿原料产地建设的大型钢铁工业基地，为黄河流域的冶金工业发展乃至整个工业发展提供了充足的基础动力。能源工业依托良好的资源优势发展迅速。黄河流域拥有较为丰富的煤炭资源，为电力工业创造了极为有利的发展条件，而丰富的水利资源，也在一定程度上为多个大型水电企业的产生创造了条件。黄河流域下游地区开发了胜利、中原和长庆油田，涉及设备制造的农业机械和运输机械等多部门的机械工业体系具有相当规模，其中的纺织机械、矿山机械、轴承拖拉机、重型机床、石油机械制造得到长足发展。其他工业门类如化工、纺织、食品加工等也有相应的发展。

改革开放的春风使得东南沿海的经济持续快速发展，曾经具有丰富资源和较高经济社会地位的黄河流域开发相对落后，严重影响我国西部大开发战略和高质量发展战略。黄河流域跨东中西部三大板块，对于协调东中西部发展具有重要作用，优化黄河流域的人口空间分布，加强经济可持续发展具有重要的现实意义。这是缩小地区间区域经济差异的重要途径，也是中国社会和谐，各区域共同发展的保证。黄河流域经济发展相对滞缓带来了许多的社会问题，如：大量的青壮年劳动力奔向南方城市寻找出路、寻找就业机会，形成了北部多个空心村问题、留守儿童和老人帮扶问题；黄河流域丰厚璀璨的历史文化资源得不到充分的利用和保护，过度开发自然资源使得贫富差距加大，地区的生态环境恶化。因此，黄河流域内部经济协调发展不仅能缩小流域内区域差异，实现流域内的协调发展，更能从全国大环境出发缩小国内差异，从而进一步保护其协调发展能力。黄河是中华民族的母亲河，对黄河流域经济时空演变进行研究，实施区域协调发展战略有助于促进黄河沿岸地区伟大复兴。以黄河为主线的经济带研究是一种特殊的区域经济研究，它是以自然河流水系为基础，以后期经济社会发展影响力大小为边界的经济区，更加注重自然和经济关系的统一。区域可持续发展的核心是人口和经济的分布格局，人口和经济空间分布不均衡不利于区域生产力的可持续发展，若区域经济的生产力在科技工业的空间布局和人口自然布局上基本一致，则有利于生产力均衡向前发展，促进地区的高质量发展；反之则会影响区域经济发展。自然因素和经济社会因素都会影响人口分布，地形、气候和土地等自然资源影响人口的最初分布，区域经济社会中消费、城乡差异、生产布局和科技教育等也会影响人口分布。人口与经济关系早在韦伯工业区位论中就开始考虑，人口分布对经济要素区位有一定的影响，当节约的劳动力成本大于由此增加的运费时，工业的最佳区位会转向劳动力成本比较低的区域。亚当·斯密解释了人口不断集聚是一个国家和地区经济发展的重要标志之一，人口集聚既是经济发展的原因也是经济发展的结果。但是，不同的人口结构对经济的作用是不同的：当儿童和老人占人口比重较大时，对经济的影响是负面的，因为社会负担大。反之，当劳动力人口占有较大比重时，对经济具有良好的促进作用。人口的结构、数量、消费习惯及民族信仰等对区域的经济社会发展有重要作用，国际上的经济和人口关系研究涉及"人口经济学"和"人口增长经济学"等学科领域。区域经济学也包含区域人口和区域经济发展关系，人口数量对经济的作用表现在拥有大量劳动力的巨大优势，当然，这也减缓了经济目标实现和生活水平提高。生产和人口分布是资源配置的结果。地区经济差异是生产和人口分布不一致的反映。生产和人口分布的不一致性越高，地区经济差异就越大。人口迁移主要是人口居住地的推力和接受地的拉力共同形成的，在城乡之间，由于农村人口增加、人均耕地减少、环境恶化等，更多的人口向城市地区迁移，而城市工业化大发展需要大量的劳动力，使得人口在城市和农村之间流动。城乡经济发展形成的差距是城乡人口流动的主要原因，人口迁移的方向是由不发达地区向发达地区的动态流动，这种现象在客观上满足了区域经济高质量发展对于足量劳动力的要求，反过来，超大的市场需求还可以带动发达区域经济的高质量发展，因此区域差异既是人口迁移的动力又是人口迁移的结果。迁入某个区域使得该区域人口及基础设施压力加大，而迁出地因为劳动力的大幅短缺，则出现了田地无人耕种，部分无人村和留守儿童、老人无人照料等社会新问题。

第2章

河南省境内黄河流域特点分析

2.1 黄河流域特点

河道指河水流经的路线。河流流域指的是面，河道指的是线。1973年，国家水电部公布数据：黄河流域面积752443平方公里，黄河干流全长5464公里，并把以往"黄河流经八省区"的提法，改为流经九省区，即青海、四川、甘肃、宁夏回族自治区、内蒙古自治区、陕西、山西、河南和山东等九省（区），最终黄河经过垦利县注入渤海。黄河流域面积上中游占97%。流域西部地区属海拔在3000米以上的青藏高原，中部地区绝大部分属海拔在1000~2000米的黄土高原，东部属黄淮海平原。黄河的西部和北部相对干旱，东部和南部相对湿润。总的降水趋势是由东南向西北递减，降水量最多的是流域东南部，年降水量达800~1000毫米，降水量最少的是流域西北部，年降水量只有200毫米左右。根据黄河自然地理特点，其概况如下：①黄河上游。青海玛多以上属于河源段，有海拔4260米以上的、储水量47亿立方米的扎陵湖和储水量108亿立方米的鄂陵湖。上游水量相对丰沛，水资源丰富。②黄河中游。中游的流域面积34.4万平方公里，处于黄土高原，是洪水和泥沙的主要来源区。③河南荥阳桃花峪以下为黄河下游。流域面积2.2万平方公里。河床高出背河地面4米至6米，具有上宽下窄的特点。

黄河水资源总量不到长江的7%，人均占有量仅为全国平均水平的25%，是连接青藏高原、黄土高原、华北平原的重要生态廊道（张振伟、马建琴，2008）。此外，煤炭、石油、天然气和有色金属资源丰富，是中国重要的能源、化工、原材料等基础工业基地。黄河流域又是能源流域，是中国一次能源煤炭与二次能源电力最主要的生产供应基地，约占中国一次能源产量的 40%（陆大道，2019）。随着能源和原材料工业发展更为迅速，自然资源开发利用导致了资源耗竭与环境污染。黄河流域生态环境脆弱导致局部地区生态系统退化，水土流失严重，黄河水资源保障形势严峻，存在绿色转型发展等诸多亟须解决的重大问题。黄河流域在中国生态安全和经济发展中具有重要的全局性和战略性地位（王镇环，2018）。在资源型城市转型等倾斜性政策及大规模水利建设和水患治理等实践推动下，黄河流域 9 个省区总人口 3.4 亿，地区生产总值约 20 万亿元，分别占全国的约 1/4，是中国重要的经济地带，事关国家生态安全和经济社会发展的兴衰。中华民族的伟大复兴，离不开黄河流域的核心支撑。黄河流域的生态文明意识形态及其所展现出的文化价值都具有重要的生态功能前提。黄河流域目前面临的源基地问题、生态屏障问题、区域经济发展极不平衡问题，都要求黄河流域必须实行规范的长期有效的绿色转型发展、转换新能源模式，缩小地区与地区之间区域发展的差异，以此保证可持续发展。必须对黄河的生态环境进行保育修复，使其具备国家生态安全功能，促进沿黄地区及北方地区的生态保护和经济高质量发展，跨区域发展黄河流域，同时，全面总结黄河历史，规划提升创新文化，并带动提升和增强国家整体文化的自信力和价值度，发挥黄河生态文明既有的光辉历史，传承黄河文化在中华民族大文化体系中的核心与支撑作用，让黄河真正造福于人民，成为广大人民群众的幸福来源。要做好黄河保护和发展工作，发挥生态屏障优势，树立人水共生理念。

在郑州召开的黄河流域生态保护和高质量发展座谈会上，习近平总书记提出黄河流域生态保护和高质量发展是重大国家战略，黄河重大战略的提出，将成为推动我国经济实现高质量发展的新的重要驱动力（习近平，2019）。

2.2　河南省境内黄河流域特点

河南承载 1 亿多人口,处于水资源比较稀缺的黄河中下游地区,不同类型资源的开采均会不同程度地引发资源损毁、地质灾害等一系列生态环境问题,需要调整流域资源开发利用的空间布局,建立健全资源开发环境影响评价体系和空间治理体系,根据地区实际情况采取差异化的策略。为了便于研究,本书中黄河流域采用了地理学范畴的内涵,采取了地市空间尺度且保留行政区范围完整,在河南省境内,黄河经过省内西部的三门峡市、洛阳市、焦作市,中部的省会郑州市和开封市、新乡市,以及东北部的濮阳市。其周边城市安阳市、鹤壁市、商丘市、许昌市、济源市、周口市也属于本次研究范围。加强黄河流域的生态保护,可以快速形成黄河中下游的生态宜居模式,优化黄河流域的生态安全格局。作为粮食主产区的黄河流域中下游,应尽快和现代科技农业工业结合,减少社会经济发展中的环境污染,加强黄河流域的生态保护,形成黄河中下游生态宜居的生态安全格局。此外,中下游作为科技工业发展区要减少污染,充分发挥环境税收、绿色信贷等制度作用,推进岸线资源集约和高效利用,推动黄河流域高质量发展,壮大黄河良好生态环境。绿色转型的概念和理论及资源型区域的绿色转型(张仙鹏、吉荟茹、肖黎明,2018),使得生态环境与经济增长之间的协同发展成为可能(吴利学、贾中正,2019)。

应该充分利用河南沿黄地区(见图 2-1)的优势,在做好黄河生态保护和高质量发展的同时,努力经营生态文明典范区、水资源高效利用示范区、黄河生态文明传承区和高质量发展引擎区。发挥生态屏障优势,树立人水共生理念。保护生态环境,实施黄河流域的滩区综合治理生态修复的各项工程,减缓黄河下游淤积,确保黄河沿岸安全,完善黄河水沙调控总体布局及运行机制,充分发挥小浪底水库、三门峡水库防洪减淤功能,谋划建设桃花峪水库,积极推进贯孟堤改扩建、黄河下游

图 2-1　黄河流域河南兰考段

河道综合治理等项目前期工作，做好黄河滩区居民迁建。对分散的各类保护区，积极申报建设黄河国家公园，加快建设各类生态环境保护区及生态修复工程。打造堤外翠绿连绵的绿廊、堤内草地灌木交织的绿网和城市建成区的植树绿化的绿心区域生态格局。以郑州大都市区建设为引领，以中原城市群为依托进行集约发展，大力推进节水农业、节水产业和节水城市建设，构建中原特色的现代产业体系，探索中原特色的高质量发展之路，把以中原地区为核心的黄河文化保护好、传承好和弘扬好，发挥地区生产高质量夏秋作物的优势，全面、科学、系统地发展高效现代农业，迈上崭新的高质量台阶。规划建设粮食生产功能区、培育地理产品标志特产，积极发展现代特色农业，高标准建设产业园，如打造三门峡苹果、焦作"四大怀药"等特色品牌农产品，最终推进粮食主产核心区建设。

中原地区具有悠久的历史文化，应充分发挥文化价值优势，建立黄河生态文化品牌。利用黄河沿线的峡谷奇观、"地上悬河"和黄河湿地等特色旅游资源，开发中华文明溯源寻根等不同主题的精品旅游路线。

谋划推进"两山两拳"战略,打造弘扬中华文明的重要窗口。发挥经济人口优势,因地制宜推进高质量发展。深入实施创新驱动发展战略,争取国家级重大科技重点实验室布局,引入实力突出的航母型企业,加快建设中原经济区,深度融入郑州大都市区和洛阳都市圈。中原城市群要完善区域内联动合作机制,推进各类资源要素加速向区域中心城市和优势区域集聚,最后形成各类级别城市合理分工、统一联动发展的系统一体化格局。

　　实现黄河流域的高质量发展需要把握好近期任务和未来长期目标的关系,因地施策、因事施策、因人施策,逐步解决发展中遇到的核心环境问题,克服关键问题和难点问题,开创全新的发展格局,重创黄河流域的璀璨光辉。

第 3 章

河南省黄河流域环境保护和
生态经济发展现状

黄河流域所处的地势、地貌、气候、经纬度、海陆分布等自然环境条件决定了黄河流域生态环境脆弱。沿黄的河谷盆地、平原与三角洲地区的脆弱性在一定程度上也是客观存在的，特别是面对突出生态环境问题时，如旱涝和水资源短缺。

3.1　资源环境的高负载

　　由于历史上长期的开发和不合理的土地利用，人地关系、人水关系非常紧张。黄河流域是我国非常重要的人口、经济的集聚区，重要的能源富集区和农牧业生产基地，资源环境的高负载是黄河流域人地关系的基本状态。黄河流域的自然环境和能源储藏量都适宜农业的发展，包括后期工业的发展，由于黄河流域具备适宜农业发展的自然环境和支撑工业化发展所需的关键能源且优势突出，所以土地、水、能源、部分金属与非金属资源开发时间长、强度大，使流域资源环境处于高负载状态；黄河流域本身是生态脆弱地带，从上游的青藏高原到中游的内蒙古高原、黄土高原生态退化，水土流失严重，水资源短缺、土地重金属污染等一系列环境问题频出，中游区域的能源开发强度大，形成巨大的生态环境压力。河南省是我国人口稠密、城镇规模和产业规模比较大的省份。脆弱的生态环境加上高强度的资源环境承载，使黄河流域要想发展，就不得不解决生态脆弱问题及水缺乏问题，水资源的总量约束着黄河流域高质量发展，这个问题也是政府及相关专业部门在制定相关战略和实施方案时的基本出发点。由于区域经济发展不平衡，需要国家给予一定的战略支持。作为我国重要生态屏障和经济带的黄河流域，有着十分重要的地位，保障黄河流域生态安全是推动黄河流域永续发展的必然选择。黄河流域水资源保障形势非常严峻，生态环境脆弱等问题没有彻底解决，成为制约河南省迈向高质量发展的关键因素，黄河流域的水资源成为生态文明建设的重要载体和极为重要的生态廊道。

3.2 水问题突出

黄河"水少沙多、水沙异源"，致使黄河下游易淤易徙，形成了从郑州到河口 800 多公里的"地上悬河"。历史上黄河在北至天津、南至江苏 20 多万平方公里的泛滥区内游荡，"黄河宁、天下平"，确保黄河安澜是历朝历代当政者和沿黄居民的夙愿。

1949 年新中国成立后，黄河洪涝灾害得到有效治理，取得了防范洪水灾害的巨大成就。季风气候区使得极端天气和气候事件的概率增大，"地上悬河"形势严峻，滩区防洪运行和经济发展矛盾长期存在。长期发展促使黄河流域的人口、城镇、产业和基础设施形成了较大规模，保护居民和财产不受洪水等灾害威胁及防范风险面临较大的压力和难度。黄河水资源开发利用率达到 80%，但黄河的水资源总量很少，不到长江的 7%，人均占有率更低，水资源明显短缺，同时，水资源利用粗放、无规划性、农业用水节水效率不高等问题长期存在，随着区域新型城镇化和工业化发展加速，用水需求还会增长、水资源短缺压力还会增大，流域整体水资源匮乏将是常态，高效节约用水在近期和远期都需要坚持。黄河流域是我国电力、钢铁、化工、建材等重工业集聚区，水环境问题突出，随着沿黄河流域的城市快速发展，污染治理、防范水环境风险、保障水质稳定达标的任务繁重。局部地区的生态系统退化、水资源涵养功能弱化、水土流失严重、湿地萎缩、生态流量偏低等一系列与水相关的生态环境问题都将凸显。

3.3　发展与保护面临较大压力

　　黄河流域经过长期建设和发展，各方面取得很大成就，基本上形成了合理的国土开发结构和经济社会格局，但也出现了生产力布局与生态环境安全格局之间、发展规模与资源环境承载之间的矛盾。尤其是中上游区域能源等矿产资源的开发与本地生态环境保护的矛盾突出，流域内一系列重化工园区的布局与建设，对水环境、水资源的影响较大。再者，城镇化和工业化的快速发展导致重点区域资源环境压力增大，存在发展规模与承载能力不匹配、发展方式或模式与区域生态环境要求不协调的问题。黄河流域是我国贫困地区比较集中的区域，贫困地区的发展与保护的矛盾比较突出。总体来说，黄河流域面临环境保护与经济社会发展矛盾突出的态势，如果不想办法促进经济的高质量发展，矛盾将持续存在。黄河流域是我国破解这对矛盾的难点区域，建成生态经济带依然任重道远。生态敏感区往往贫困。国家脱贫攻坚与当地的环境生态保护并不矛盾，在产业结构不断升级提出绿色发展的今天，一方面，经济发展不起来，贫困地区群众要么背井离乡，要么靠山吃山、靠水吃水，不仅没有能力保护生态，还会破坏生态。另一方面，如果脱离因地制宜搞脱贫攻坚，背离自然发展规律，最终会导致生态环境遭到严重破坏、发展基础丧失殆尽。打赢脱贫攻坚战，黄河流域相关管理部门必须把扶贫开发和生态保护的关系摆在首要位置，如此就能避免经济指标暂时提高，但不久重新返贫的尴尬境地。

　　总体而言，黄河流域需要协调各方面的行动，探索人与自然相互平衡发展，推动生态保护和高质量发展的良性互动实践，最终促进黄河流域的可持续健康发展模式形成。

第4章

河南省黄河流域高质量发展

4.1 研究区概况

地理位置、地形地貌、气候土壤和水文生物等自然因素交互作用时，会形成复杂的系统——地理环境，也称自然生态环境。地理环境是人类社会存在的前提，人类与自然界之间的物质和能量交换所产生的经济活动使得黄河流域的地理环境历经巨变；反过来，黄河流域的地理环境巨变又影响和制约着本地区的发展。在古代，无论黄河流域的地面水还是黄河流域的地下水都相当丰富，无论中游的黄土高坡还是下游的平原都分布着众多的湖泊和支流。当时黄河流域的中下游也是森林地区，河南省的中牟、荥阳一带在古代都生长着原始森林，大约5000年前，河南的森林覆盖率为63%，森林之外是广阔的草原。人类的繁衍生息需要优越的地理环境，黄土冲积平原覆盖着深厚的黄土，为人类的发展提供了必要的自然物质基础，这些黄土的组织均匀疏松，表面存在的良好森林植被又增加了土壤腐殖质，最终使黄河流域地区具有较高的土壤肥力。黄河流域河流纵横、湖泊四布，为原始人类提供了良好的定居条件，早在100万年前，原始人类就在此居住活动。近代，黄河流域中下游的森林植被被破坏，导致黄河流域地理环境恶化，同时气候干旱使全区域大范围旱情严重。1922—1932年连续11年黄河出现枯水段，水源涵养条件的破坏使水资源枯竭，大量土地无法灌溉。黄河中下游地带的森林也连续遭受破坏，1937年河南的森林覆盖率仅0.6%，生态失衡造成的气候灾害日益加剧。1938年6月，国民党政府扒开位于郑州花园口的黄河大堤,黄河水毫无遮拦地奔涌而出,导致郑州花园口至洪泽湖成为长达数千里的洪水泛滥区,受灾人数和面积极大,此后多年黄河主流在黄泛区持续泛滥,普遍压盖地面的厚层泥沙对黄泛区经济发展造成毁灭性的打击。森林植被的破坏降低了水源的涵养能力,加上黄河决溢对水系的破坏,造成水资源日益贫乏,严重制约发展。自然生态的严重失衡长期制约和阻滞黄河中下游地区近代农业经济的发展,成为形成近代黄河流域省市与沿海地带的巨大经济差异的重要原因。

黄河中游是水土流失最为严重的地区,侵蚀强度很大,是黄河多沙粗沙来源区,下游的黄泛平原风沙区是国家级水土流失重点预防区,预防建设活动中人为造成的水土流失,以预防为主保护黄河三角洲,恢复和改善黄河流域的生态系统。近年来,黄河流域开发程度愈来愈高,对水资源的需求量和消耗量也大幅度增长,节水成为今后黄河流域高质量发展的关键支撑和保障。应根据近些年来中游地区生态恢复成效和存在的问题,积极探索在人口密度相对低、降雨条件适宜、人为活动干扰少的区域,实施分类指导的生态自我修复。在"绿水青山就是金山银山"的理念指导下,将修复生态乡村建设、生态清洁小流域建设、地方政府全域旅游建设等相结合,使生态修复区在大力提升生态功能的基础上逐步产生更高的生态经济效益和更好的社会效益,在建设管理上探索生态补偿。

乘着黄河流域生态保护和高质量发展的国家战略提出的东风,黄河流域在河南省中北部地区流域内的生态保护和高质量发展也提上日程,此时与京津冀一体化的战略协同发展,将缩小与长江经济带和粤港澳大湾区的差距,为中华民族的伟大复兴起到核心支撑作用。

黄河中下游的分界线在河南荥阳桃花峪,河南省内黄河流域及周边地区处于黄河流域的中下游,居于承东启西的战略枢纽位置,在整个黄河流域中发挥着重要作用,拥有全国 1/4 的小麦产量和全国 1/10 的粮食产量,对于保障国家粮食安全生产具有重大责任。在推进黄河流域生态经济和环境保护的高质量发展中，要以郑州、洛阳大都市区建设为引领，探索中原特色的高质量发展之路，把以中原地区为核心的黄河文化保护传承好，从而促进绿色转型发展和缩小区域差异。

4.2　河南省黄河流域高质量发展的内涵

党的十九大提出我国进入了新的发展阶段，经济增长由原来的高速发展阶段向高质量发展阶段转变。高质量发展体现了全新的发展理念，对区域的经济结构、生态系统和生产要素等提出了更高要求。首先需要满足生态保护的理念和实践，然后再谋求高质量发展。根据黄河流域的水资源短缺特点和生态脆弱的国土资源特点，黄河流域需要从实际出发，因地制宜地开展各项工作，发挥其他资源的优势，探索富有地域特色的高质量发展新路子，引导各地对自身优势、功能定位、发展思路等进行再梳理再聚焦，破解发展质量不高、生态环境脆弱、增长方式传统、区域发展不平衡等突出困难和问题，形成更加符合高质量发展要求的产业体系、城镇体系和生态体系，开拓中原更加出彩的新路径。

传统经济以资源密集型和劳动密集型产业为主，产品结构技术含量和附加值低，若要向高质量发展，必须转为技术密集型和知识密集型产业，使产品结构技术含量和附加值增加，最终的经济效益由高成本低效益向低成本高效益转变，发展方式由高排放、高污染向循环经济和环境友好型经济转变（吴利学、贾中正，2019）。学术界和政府管理部门关注的焦点始终是环境问题，尤其是资源开发地区的生态环境治理中存在的问题，并提出相应的对策建议：重视科技进步和创新，减少污染物排放或避免污染物排放，通过市场机制推动矿山的生态环境恢复治理，提供补偿机制（刘树臣、崔荣国，2011；汪民，2013；范英宏、陆北华、程建龙，等，2003；彭建、蒋一军、吴建生，等，2005；赵娟，2019）。以往的生态环境保护多基于事后管理，从终端入手，如环境管理、土地管理、生态补偿、生态修复、技术改进等方面（朱九龙、陶晓燕，2016），随着观念的进步，终端治理逐步向源头管控转变。国家一直提倡生态文明建设，在这样的理念下需要保护生态红线，最终实现生态环境的源头保护和生态脆弱地区的生态修复补偿的国家管理体制。随着研究的不断深化，高质量发展最初在集约经济、集聚经济、内生经济增长理论、产业集群理论、环境制度理论下所形成的新经济社会学派、新政治经济学派和新制度学派等理论流派升华到以环境"库兹涅茨"曲线、绿色发展理论、协调发展理论等为支撑的可持续发展层面（Martin R，2000；Yeung H W C，2005；Levy D L，2008），包括环境友好型社会和涉及资源分配及福利分享的社会正义等方面。基于"一带一路"倡议等，通过经济转型、结构调整、风险可控、共同富裕和环境优化，投入高质量要素和转化创新动力，走绿色均衡发展的新型工业化道路，让经济发展成果更公平惠及全体人民，不断促进社会公平正义（金凤君、马丽、许堞，2020；赵剑波、史丹、邓洲，2019）。

2019 年 8 月至 9 月，在前后不足一个月的时间里，习近平总书记接连考察黄河兰州段和郑州段，在郑州主持召开了座谈会，强调全面统筹协调黄河全流域的生态环境保护和高质量发展，此次战略部署之后，黄河流域的长远发展必将具有历史里程碑的意义和深远的战略影响。要全面部署黄河流域的生态保护，在此前提下因地制宜地创新开拓高质量发展。生态保护是前提条件，在此基础上的高质量发展才有意义。以保护环境为前提的发展才能称为高质量发展，只有这样才能按照习近平总书记的要求实现黄河流域的繁荣发展。着眼千秋大计需要保持历史耐心和战略定力，要运用系统思维，注重保护和治理的系统性、整体性、协同性，加强全流域治理工作，坚持山水林田湖草生态空间一体化保护和环境污染协同治理，通过一系列重大工程措施与生物措施，形成上游中华水塔稳固、中游水土保持与污染治理有效、下游加快发展步伐促进生态宜居环境建设的整体格局。为了加快推进生态文明建设，需要强化尊重自然规律、尊重历史、尊重传统保护生态环境的理念，同时，推动水资源的正确利用，确保黄河沿岸的所有大堤安全，以水资源而定、量水资源而行，推动水资源利用方式由最初的粗放型向节约集约型转变。在实施相关的黄河流域的百千万试点工程项目的同时，有序推进河南省境内的南太行地区的山水林田湖草等资源的生态保护和生态修复工程项目，开展生态廊道建设和千顷湿地公园建设等一批重大国家工程，同时对黄河滩区耕地高效利用开展试点工程。从实际出发，立足自身优势，走创新驱动发展之路。黄河流域各地自然资源禀赋、经济发展条件各不相同，要因地制宜。要深入开展沿黄流域国土绿化行动，加快建设森林河南，构筑生态屏障，推进森林城市、森林公园和廊道网络建设。无论是创造更多生态产品、发展现代农业，还是推动中心城市建设、参与共建"一带一路"，以国家重大战略为契机，以全力保障和改善民生作为出发点和落脚点，加快提升全流域基本公共服务均等化水平，提升公共基础服务水平，补齐互联网基础设施的建设后期短板，全面增强我国人民群众的成就感、获得感、幸福感和满足感，让人民群众切身感受到政策带来的阳光雨露，让发展的成果真正惠及人民群众，用实际行动真正造福于黄河流域的广大居民。无论是黄河流域生态保护还是高质量发展都要持续坚持生态优先的原则、绿色发展的原则，资源重在保护，环境重在治理。黄河流域的生态工程建设要秉承自然修复为主的原则，不宜盲目地重新建设景观，要全力促进人与自然的和谐相处，规范严格地建设好引黄工程项目，监测水质，避免水体富营养化，回补涵养地下水，通过节水科学技术推动沿黄河流域的绿色生态廊道的建设、济源小浪底北岸灌区的引黄河水调蓄工程建设和嘉应观水情教育基地建设等都对黄河水资源的利用和保护具有重要意义。要按照高标准建设黄河流域内的绿化生态廊道、沿精品线路开发现代观光休闲农业，全面建设黄河文化旅游项目，使其具有休憩、文化、教育、体验、休闲、运动、健身等多功能设施。

中原经济区是黄河中游区域核心，是中国经济发展新的绿色生态发展示范区和增长极。郑州充分利用其交通、人力资源和战略优势形成有竞争力的产业集群，作为航空港经济综合实验区、中国（河南）自由贸易试验区、郑洛新国家自主创新示范区的核心战略发展区，随着微软、阿里巴巴、富士康等知名企业的入驻促使电子商务和物流等产业快速发展，加速融入全球产业链中（陈文静，2019）。对郑州的产业结构进行优化升级调整，除了要加快建设现代的生态产业结构体系，促进河南省内黄河流域的生态保护和高质量发展，加快黄河流域的生态环境建设，满足黄河流域对生活品质基础环境的要求，更要在新时代满足黄河流域人民对美好生活的新需求。

第 5 章

河南省水资源承载力时间和
空间动态变化规律研究

进入新时代，随着国家新型城镇化建设的快速推进，河南省在人口迅速增长的同时经济也快速发展，生产生活对水资源的需求量也持续快速地增长，而由此产生的水环境污染和水资源短缺问题却日益加重。中共十九大报告提出：新时期我们要坚定走生产发展、生活富裕、生态良好的文明发展道路。农业社会，发展经济必须依靠水资源；工业社会，水资源也成为发展的制约因素，因此水资源承载力成为水资源研究中的重点和热点问题。国外针对水资源承载力的研究成果比较少，通常纳入可持续发展理论中，研究比较偏重常见的水资源管理方面的经济手段。水资源承载力至今已在国内外可持续发展和水环境保护等方面得到广泛的研究和应用，综述承载力研究方面的丰富化为本研究打下了很好的基础，但就河南省而言，有关水资源承载力的时空差异还鲜见深入研究。因此，本章对河南省水资源承载力进行系统分析，界定子系统要素、研究范围等基础内容，河南省水资源承载力的时空差异分析区间为2014—2017 年。

5.1 研究区域

河南省位于中国中部地区，全省总面积 16.7 万平方千米，郑州是河南省的省会。河南省的地势和中国地势相同，呈现西高东低的特点，由山地、丘陵、平原地貌等组成，具有承东启西之势。河南东部和安徽、山东两省接壤，北部和河北、山西接壤，西部和陕西相连，南部和湖北相连，地跨海河、黄河、淮河和长江四大水系。河南省属暖温带的大陆性季风气候，省内大部分地区处暖温带，南部跨亚热带。

5.2 评价指标和数据搜集

5.2.1 水资源承载力评价指标体系

水资源承载力水平的高低受到当地水资源环境、经济和社会等诸多方面影响，因此是一个较为复杂的系统。在新型城镇化发展加速的今天，水资源承载力已经达到极限。水资源在满足生态用水的基础上，对经济社会发展所能承受的最大负荷就是水资源承载力，要保证不超过水资源承载力，基本前提便是水资源的可持续规划和开发利用。本部分从评价指标的科学性和可行性出发，在参考前人研究的基础上结合河南省的实际情况，从水资源环境、经济和社会 3 个方面选取 11 个指标，全面构建河南省的水资源承载力的相关评价指标体系，具体内容见表 5-1。

表 5-1 河南省水资源承载力评价指标体系

评价子系统	评价指标	单位	指标代码
水资源环境子系统	水资源总量	亿立方米	$x1$
	污水排放量	万立方米	$x2$
	城镇生活用水量	亿立方米	$x3$
	绿化覆盖面积	公顷	$x4$
	供水总量	万立方米	$x5$
经济子系统	GDP	亿元	$x6$
	第三产业总值	亿元	$x7$
	人均生产总值	元	$x8$

评价子系统	评价指标	单位	指标代码
	人口自然增长率	‰	x9
社会子系统	总用水量	亿立方米	x10
	年降水量	毫米	x11

5.2.2　数据来源与处理

研究数据主要来源于 2014—2017 年的《河南统计年鉴》，鉴于数据可获得性的限制，另从 2014—2017 年的《河南省水资源公报》中提取了部分数据。基本数据处理与水资源承载力指数计算在 SPSS 22.0 支持下完成，水资源承载力空间分布图绘制在 ArcGIS 10.3 平台上完成。

5.2.3　方法

本次研究主要应用 SPSS 22.0 版本的主成分分析方法，通过线性变量的研究，获得：

$$
\begin{cases}
y_1 = \mu_{11}x_1 + \mu_{12}x_2 + \mu_{13}x_3 + \cdots + \mu_{1p}x_p \\
y_2 = \mu_{21}x_1 + \mu_{22}x_2 + \mu_{23}x_3 + \cdots + \mu_{2p}x_p \\
\cdots \\
y_p = \mu_{p1}x_1 + \mu_{p2}x_2 + \mu_{p3}x_3 + \cdots + \mu_{pp}x_p
\end{cases}
$$

这就是主成分分析的数学模型。其中，$\mu_{i1}^2 + \mu_{i2}^2 + \mu_{i3}^2 + \cdots + \mu_{ip}^2 = 1$（$i = 1, 2, 3, \cdots, p$）。变量 y_1，y_2，y_3，$\cdots$，y_p 依次称为原有变量 x_1，x_2，x_3，$\cdots$，x_p 的第 1，第 2，第 3，$\cdots$，第 p 个主成分。

5.3　分析

通过统计软件 SPSS 22.0 计算分析得出各要素的主成分的特征值，还有各成分的累计贡献率。由表 5-2 可知前三个重要因子的累计贡献率是 88.242%，已超过 85% 的要求，所以我们选前三个因子作为主成分来分析河南省水资源承载力状况。

表 5-2　特征值和贡献率

主成分	特征值	贡献率/%	累计贡献率/%
1	6.395	58.135	58.135
2	2.158	19.614	77.749
3	1.154	10.493	88.242

因子 1 中，水资源总量、污水排放量、城镇生活用水量、绿化覆盖面积、供水总量指标占有重要地位，我们可以解释为水资源环境因子。因子 2 中，GDP 和第三产业总值指标所占比重较大，我们解释为经济因子。因子 3 中，人口自然增长率和总用水量指标所占比重较大，我们解释为社会因子。方差分析结果显示 3 个主成分的累计方差贡献率为 88.242%，显然这 3 个主成分能够解释评价指标的大部分变化，因此可以将其当作评价水资源承载力的主成分。3 个主成分的方差贡献率分别为 58.135%、19.614% 和 10.493%，此值即综合评价模型中各主成分的权重。利用 SPSS 22.0 主成分分析法，用各主成分的方差贡献率和各主成分在主要评价指标上的载荷系数来确定各个主成分和评价指标的权重值，然后构建了综合评价模型。综合评价模型是关于黄河流域河南段的水资源承载力的模型，具体如下：

$$F_j = \frac{\sum_{i=1}^{3} w_i F_{ij}}{\sum_{i=1}^{3} w_i}$$

$$= \frac{w_1 F_{1j} + w_2 F_{2j} + w_3 F_{3j}}{w_1 + w_2 + w_3}$$

$$= \frac{58.135 F_{1j} + 19.614 F_{2j} + 10.493 F_{3j}}{88.242}$$

式中，F_j（$j=1, 2, 3, \cdots, 17$）为第 j 个样本，意为城市水资源

承载力的综合得分；w_i（$i=1$，2，3）为第 i 个主成分所对应的权重系数，取各主成分的方差贡献率；F_{ij}（即 $F_{1j} \sim F_{3j}$）为第 j 个样本城市在第 i 个主成分上的得分。

5.4　结论

利用统计学软件 SPSS 22.0 分别对 17 个城市的水资源承载力指标数据进行因子分析，获得各子系统及综合总得分。由各子系统总得分情况，综合评价比较可得出：

（1）利用主成分分析方法结合 SPSS 22.0 软件，将 11 个基础指标凝练成 3 个主成分，确定了河南省水资源承载力主要受水资源开发利用、管理水平、社会经济发展程度的影响。

（2）随着时间的推移，17 个城市的水资源承载力在逐步提高，且趋于稳定。这就说明河南省推行的节水管控措施起到了非常显著的作用，进一步提升了该地区的水资源承载力。水资源承载力高的城市有：郑州、洛阳、新乡和南阳。水资源承载力较高的城市有：开封、平顶山、安阳、焦作和信阳。其余城市水资源承载力一般。水资源环境方面：随着治理的进行，17 个城市中大多数水资源环境有所改善。经济方面：随着建设的发展，17 个城市经济得到了稳步增长，且发展差距进一步增大。社会方面：随着时间的推移，17 个城市社会发展在前进，且进步幅度稳定。

第6章

河南省黄河流域的生态绿色
高质量发展研究

6.1 实证研究

6.1.1 研究方法与数据

在综合已有黄河流域生态经济及环境保护研究成果的基础上，以SPSS 和 GIS 技术为依托，基于全国高程数据、综合文献调研和计算等数据，从自然生态、环境保护和经济社会 3 个维度，总共选取 16 个二级指标，在此基础上构建了河南省黄河流域及周边地区的生态经济及环境保护的绿色高质量发展评价指标体系（见表 6-1），并根据不同因子的重要性得出各因子权重。

将各项指标数据进行空间化分类，采用因子分析和加权综合法计算河南省黄河流域及周边地区生态经济及环境保护综合值，在综合已有相关研究和河南黄河流域及周边地区实际状况的前提下，根据综合值把各城市发展程度分为Ⅰ、Ⅱ、Ⅲ、Ⅳ、Ⅴ、Ⅵ类。根据科学性、可操作性、对比性和动态变化性等原则选取的指标数据来源于 2017—2019 年的《河南统计年鉴》。

表 6-1　黄河流域河南段生态绿色高质量发展评价指标体系

	评价指标	单位	指标代码
自然生态	供水总量	万立方米	$x1$
	污水排放量	万立方米	$x2$
	建成区绿化覆盖面积	公顷	$x3$
	园林绿地面积	公顷	$x4$
	耕地面积	千公顷	$x5$
	节水灌溉面积	千公顷	$x6$

续表

	评价指标	单位	指标代码
	人口密度	人/平方公里	$x7$
	燃气普及率	%	$x8$
环境保护	污水处理率	%	$x9$
	生活垃圾无害化处理率	%	$x10$
	道路清扫保洁面积	万平方米	$x11$
	人均生产总值	元	$x12$
	居民人均可支配收入	元	$x13$
经济社会	社会消费品零售总额	亿元	$x14$
	规模以上工业企业利润总额	亿元	$x15$
	第三产业生产总值	亿元	$x16$

6.1.2　研究结果

应用SPSS 22.0主成分分析获得特征值和贡献率，三个因子的特征值分别是8.697、2.898、1.627，累计贡献率分别是54.359%、72.474%、82.640%，超过80%（见表6-2），因此这三个因子可以用来解释河南省黄河流域及周边地区生态绿色发展的情况。因子1主要包括供水总量、污水排放量、建成区绿化覆盖面积、园林绿地面积等指标，解释为自然生态因子。因子2主要包括人口密度等指标，这些因子都是和环境保护相关的，所以解释为环境保护因子。因子3主要包括人均生产总值、规模以上工业企业利润总额和第三产业生产总值等指标，解释为经济社会因子。

表6-2　特征值和主成分贡献率

主成分	特征值	贡献率/%	累计贡献率/%
1	8.697	54.359	54.359
2	2.898	18.115	72.474
3	1.627	10.166	82.640

6.2 分析讨论

6.2.1 因子分析

从各年份自然生态因子（见图 6-1）可以看出：河南省黄河流域及周边城市自然生态发展稳定向好但很不均衡。2018 年自然生态较好的城市有：郑州、济源和洛阳；2017 年自然生态较好的城市有：郑州、济源和洛阳；2016 年自然生态较好的城市有：郑州、济源和鹤壁。

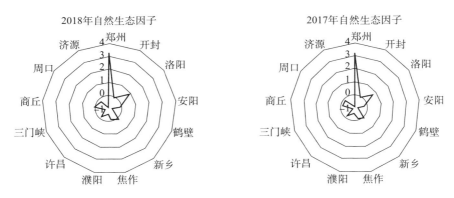

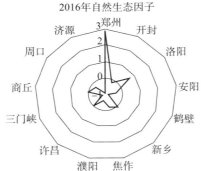

图 6-1 各年份自然生态因子

从各年份环境保护因子（见图 6-2）可以看出：河南省黄河流域及

周边城市环境保护发展稳定向好且相对均衡。2018 年环境保护较好的城市有：济源、周口和郑州。2017 年环境保护较好的城市有：济源、周口和商丘。2016 年环境保护较好的城市有：商丘、周口和济源。

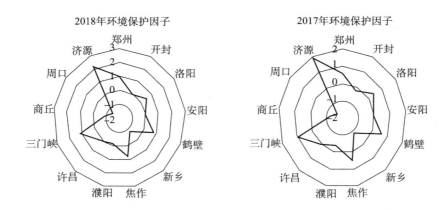

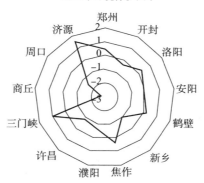

图 6-2　各年份环境保护因子

从各年份经济社会因子（见图 6-3）可以看出：河南省黄河流域及周边城市经济社会发展持续增强且动态变化大。2018 年经济社会较好的城市有：许昌、新乡和三门峡。2017 年经济社会较好的城市有：许昌、新乡和三门峡。2016 年经济社会较好的城市有：洛阳、三门峡和商丘。

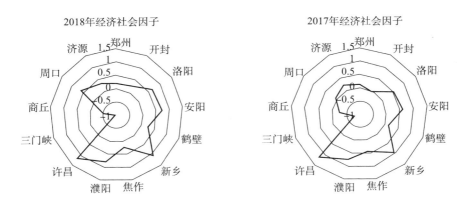

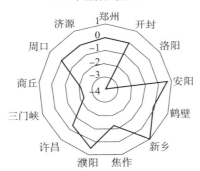

图 6-3　各年份经济社会因子

从河南省黄河流域及周边地区生态经济和环境保护的生态绿色发展综合值来看：各城市稳定发展，可持续发展驱动力强劲，尤其是郑州和洛阳作为双引擎，对整个黄河流域河南段研究区的生态绿色高质量发展起到了特别好的引领推动作用。2018 年生态绿色发展较好的城市有：郑州、洛阳和周口。2017 年生态绿色发展较好的城市有：郑州、洛阳和周口。2016 年生态绿色发展较好的城市有：郑州、商丘和三门峡。

6.2.2　原因讨论

河南省黄河流域及周边地区园林绿地面积最大的是郑州，促进了其自然生态的良性发展。郑州周边城市的绿地面积也紧随其后增加，而其他城市的园林绿地面积相对较小，在自然资源禀赋利用方面稍有欠缺。这些都决定了郑州持续稳居河南省黄河流域及周边地区自然资源发展的前列。其他城市的较大差距使得河南省黄河流域及周边地区自然资源发展不均衡。环境保护方面，由于全省人口密度相对稳定，加上郑州近几年的城市政策使得人口密度进一步趋于合理，其他城市的政策使人口密度持续稳定增长，所以环境保护方面稳定且均衡。第三产业生产总值持续增强，郑州作为省会城市稳居首位，其他城市因变化幅度较大，导致了动态变化增大。

第 7 章

功能定位与实现路径

7.1　功能定位

20世纪末，我国学者已经提出将环境与经济的协调发展作为人类社会可持续发展战略目标（廖重斌，1999）。空间位置与生态环境禀赋的差异，导致黄河流域各省区的经济发展不平衡，省市域间对生态环境的开发、保护力度不同，如何协调好生态经济发展与环境保护的关系，获得高质量发展成为亟待解决的问题。作为乡村振兴和脱贫攻坚主战场的黄河流域需要造福百姓，改善民生，让黄河流域的居民更充分享受改革发展的胜利果实，这也是我们推动黄河流域生态保护和高质量发展的出发点，经过奋斗，最终也会成为我们工作的落脚点。新时代来临，我们的社会主要矛盾也发生相应的变化，新的矛盾促使满足人民对日益增长的美好生活的需求成为首要任务，精神层面、物质层面和生态层面的都需要顾及，最基本的食品安全和优质生态产品及环境都位列其中。各区域各部门协调大力推动黄河流域的生态保护和高质量发展工作，需要逐步在全流域形成上游积极涵养水源、中游大力抓好水土保持和污染治理、下游全面做好保护工作的全新治理重大格局，加快提升全流域沿线各城市、各乡镇基础设施和基本公共服务的质量和均等化水平，实现黄河流域的生产、生态和生活的"三生融合"，改善黄河流域的人民群众生活，最终让黄河真正成为造福人民的幸福河。

黄河是中华民族的母亲河，黄河流域和沿黄地带孕育了中华文明，是中华文明的重要发祥地，同时，也是重要的绿色生态屏障、国家粮食生产核心区和多种能源的富集区，在全国经济发展中和生态文明建设格局中具有举足轻重的战略地位。2019 年的郑州座谈会明确了黄河流域的发展目标。河南省处于黄河中下游，其地理方位和战略地位都特别重要，肩负黄河生态文明复兴的重大使命。对黄河流域的上中下游发展的明确定位，在黄河流域生态保护和高质量发展座谈会上得到响应，提出了"上游抓保护，中游抓治理，下游高质量发展"建设方针。

河南省厘清思路，紧紧围绕总书记讲话提出的"中游抓治理"这一核心要求，准确切入，把黄河流域中游功能定位在生态经济与环境保护的高质量发展上，以生态保护为核心创建黄河流域生态保护示范区，以点带面推动经济高质量发展，立足抓好大保护、协同大治理的基本方向改善民生。按照"一廊三段七带多节点"，统筹打造沿黄生态廊道，着力点是依据"重在保护、要在治理"根本方针，提高生态治理效率，以黄河干流为经脉，以山水林田湖草为有机整体，串联生态系统、传承中原文化、丰富休闲空间、融合森林氧吧，打造集生态屏障、文化弘扬、休闲观光、高效农业为一体的复合型生态廊道样板，实现人、河、城相依相存的和谐统一，最终统筹协调生态经济和环境保护的相互促进发展。

黄河流域大部分位于我国的干旱半干旱地区，这里的生态环境和全国相比较脆弱，属于需要保护的脆弱流域。此外，在黄河流域分布着和能源、化工等相关的高能耗高排放产业，并且分布相对密集，黄河流域和支流污染治理的形势极为严峻。黄河流域这种"体弱多病"的现实状况，必然要求我们一定要按照山水林田湖草等生命结为共同体的全新理念，全面推进黄河流域的综合治理、科学治理、系统治理、多头治理和源头治理，促进生态保护和环境治理再上新台阶。想要黄河成为造福人民的幸福河，前提是打造生态黄河，要坚持生态优先、绿色发展，从过度干预、过度利用向自然修复、休养生息转变，需要坚定不移地走绿色发展、可持续发展的高质量发展之路。突出生态环境的治理与高质量发展的科学性、整体性、系统性和协同性，推动人口迁移、城市建设和产业结构合理有序地规划和发展，着重构建黄河流域生态安全大格局。要实施水源涵养能力提升、水土流失治理、黄河三角洲湿地生态系统修复等工程，推进黄河流域生态保护修复。坚持民生优先为导向，把保障和改善民生作为黄河流域高质量发展的终极目标，以黄河滩区为脱贫攻坚重点。

7.2　实现路径

政府导向控制力、产业结构转型和提升人口承载力等对本地区的生态经济发展和环境保护具有显著正向影响作用，充分发挥政府的宏观导向和政策支持、大力发展第三产业和提升人口承载力并利用人口规模效应等措施对黄河流域的高质量发展具有重要意义。实现路径包括以下三个方面。

7.2.1　政府导向控制力

政府作为服务机构，需要转变工作思想和态度，以思想观念引领全局工作，深入践行导向控制力，把创新发展放在首位，同时注意协调发展，最终以绿色发展为导向实现开放共赢。河南省政府更需要审时度势，围绕国家重大战略，紧紧抓住河南省的重大战略机遇，高瞻远瞩、深谋远虑、统筹规划、集中优势、科学布局，切实发挥地域资源优势，顺应时代潮流，科学掌控趋势，大力弘扬黄河文化，促进生态文明建设。政府以思想观念引领和导向控制力深入践行创新发展、协调发展、绿色导向、开放共赢。优化政府管理体制，加快建设黄河文化旅游带，在保护中更好延续黄河文脉，实施黄河文化遗产本体保护工程。深入挖掘黄河文化所蕴含的时代价值，通过打造寻根之旅增进民族认同，打造爱国之旅激发家国情怀，打造红色之旅弘扬革命精神，打造河南味道之旅突出老家乡愁。政府着力提升载体平台，使各种节会活动的创新内涵更加突出，争取全国性节会活动，充分运用新媒体、新手段和新技术形成立体宣传格局，实施文旅龙头企业培育工程，招大引强，完善产业链条，综合运用人工智能、大数据等手段，推动黄河流域的文化旅游与其他相关产业融合发展，培育具有引领力、示范力、带动力、亲和力的文旅新业态。同时，河南省政府需要优化产业管理体制，尤其是深化重点国有景区管理体制改革举措，推进国有文旅企业的混合所有制改革向前有序发展，健全职业经理人制度，强化金融支持，创新要素保障和用地方式，促进高效配置机制，构建产权清晰、富有活力的管理体制。完善基础设施，提高服务水平，建立功能完善的综合公共服务设施体系。

河南省各级政府需完成生态立省与生态立市的顶层设计，以改善环境质量为核心统揽生态战略，建设安全可靠的生态环境保护体系。河南省作为黄河中下游省份，要统筹山水林田湖草系统治理，紧盯水沙关系调节，严守黄河水资源保护红线，巩固黄河流域的重要生态安全屏障，推进水生态保护和修复，加强河流综合治理，推进滩区综合整治，还要保护好水源地，建设好大型灌溉区，统筹湿地城市、村镇、河流、交通、农田等生态建设。在此基础上，做好黄河流域生态文明建设，打造生态文明建设示范区，最终确保黄河流域的长治久安。强化水域岸线综合整治，做好饮用水保护、工业污水达标及城乡生活污水、黑臭水体等专项治理，统筹推进海绵城市建设。全面优化水资源的协调配置和环境流量的合理调控，大力提倡发展节水灌溉产业和新的技术，全面增强各行各业的生产生活用水的资源保障能力。应用科学有效且规范公开的政绩评价标准、政绩考核制度和工作奖惩制度，倡导以节能减排的产业结构序列和经济社会绿色发展为最终的导向完善绩效考核体系。树立科学的发展观、政绩观，是实现流域经济社会与自然生态可持续发展的基础。各级政府在发展社会经济、保护生态环境、改善社会民生的过程中，既要切实尊重经济社会的发展规律，又要真正尊重自然生态规律，更要实事求是地尊重以人为本和以人为先的规律；既要全面充分发展生态经济与满足地区人口增长需求，又要统筹考虑资源环境的各种支撑力和承载力，促使产业由高能耗高污染低产出向低能耗高产出转移。把郑州打造成中原地区生态保护先行区，构筑绿色生态圈，承接黄河历史文化文脉，彰显城市特色。全面加快郑州和开封、郑州和许昌、郑州和新乡及郑州和焦作的区域一体化融合发展，拓展郑州城市集聚区的各种发展要素空间。加快洛阳副中心城市规划建设，顺应城乡融合发展，强化中心城市带动，加快构建现代生态城镇体系。河南省黄河流域及周边地区的其他地方也要突出地域特色，积极培育生态文化，深耕水资源、拓展绿色湿地空间、改善大气质量，加快生态环境保护，创新发展生态经济，把生态优势转化为经济发展富民优势，建成国家中部生态安全屏障，实现生态立省与生态立市的发展目标。

河南省各级政府需要创新区域联防联控机制，跨区域跨流域开展水污染治理。黄河流域河南段的内部及周边地区，由于历史发展的局限性，经济发展非常不平衡，经济社会的发展基础、潜在能力、整体经济实力、财政支配能力差异十分明显。受资金、技术等因素的影响，黄河流域在防治污染、节约资源、降低能耗等方面面临较大的困难，而要解决这些困难，必须通过建立健全跨区域的协调机制来实现。积极建立有效、实用的合作机制，统筹协调流域发展的重大问题，统筹考虑上下游关系、区域内外关系以及生产与生活的关系，统一协调环境基础设施建设和环境保护工程，对重大资源开发和建设项目进行区域整合，构建流域产业发展区域统筹的整体框架。在此框架下，明确企业、地方政府和中央政府需承担的责任和义务。地方政府应在国家大政方针指导下制定适应本区域的各项措施，依据本区域生态环境条件发展经济。河南省可以将黄河流域的生态环境保护协同治理纳入法治化轨道，与沿黄其他省份的政府管理部门协商制定流域内省级法规，率先在河南省内沿黄设立的三门峡市、洛阳市、焦作市、郑州市、开封市、濮阳市，就生态环境保护和高质量发展等问题制定相互协调的市县级法规。环境管理法规体系是依法利用资源、保护环境的基础，而健全生态补偿机制正是解决经济发展与环境保护矛盾的重要举措，通过专项立法，进一步完善河南省黄河流域的水生态补偿制度，全面明确补偿范围和补偿标准等级。通过一定的政策手段、制度安排使生态保护的投资者获得必要收益，让生态破坏者支付相应补偿费用，鼓励黄河流域的企业从事生态保护投资并增值生态资本的工作。要向生态环境保护重点地区、资源型经济转型地区提供财政补助，并适度加大对自然保护区和生态功能保护区的财政投入力度。黄河生态系统是一个有机整体，将黄河流域生态保护和高质量发展上升为重大国家战略，以系统思维和全局高度打破一地一段一岸的局限，抓住历史机遇，联合沿黄河省区共同抓好环境大保护，协同推进大治理。山水林田湖草综合系统和源头治理，以水定城、地、人、产，解决饮水安全、生态安全和防洪安全问题，必将进一步推动河南省的生态文明建设迈上新的台阶。

黄河流域的政府管理者通过体制引导具备更远眼光、更高要求、更高标准、更多努力、更大追求才能确保黄河流域生态保护和高质量发展国家战略的实施，创新改革全流域高质量发展管理体制。创新的基础是明确权责，应设立流域议事协调机构，建立区域行政首长联席会议制度和流域省级与市级河湖联席会议、建立重大项目部门会商制度和通报制度，加快制订相关黄河流域事项的立规立法工作。要加强省、市级统筹，区域部门协作，以上下联动机制打破相关的行政壁垒，构建共建共享共生共存的一体化发展机制。

7.2.2 产业结构转型

黄河水资源十分短缺，目前常年径流量保持在 500 亿立方米左右，但随着黄河流域经济社会的快速发展，对水资源的需求越来越大，在国家实施"八七"分水方案之前，黄河下游曾一度出现长时间大面积的断流，严重威胁黄河的生命健康。国家实施"八七"分水方案之后，黄河实现了 20 年不断流，维系了黄河生命健康。要坚持量水而行、节水为重，坚决抑制不合理用水需求，推动用水方式由粗放低效向节约集约转变，合理满足黄河流域的城镇发展、居民生活、农业灌溉和生产用水需求。要坚持节水优先，还灌于水，还水于河，先上游后下游，先支流后干流，实施河道和滩区综合提升治理工程，推进水资源节约集约利用，全面实施深度节水控水行动。

多年来，河南省作为近 1 亿人口的农业发展大省，第一产业的农业实为主要经济支柱。随着供给侧结构性改革的深入，第三产业在产业结构调整后发展迅速，强调生态经济的现代文化旅游业属于典型的第三产业，促进文旅融合发展对河南省黄河流域及周边地区经济结构转型和高质量发展都具有重大意义。河南省要加快文化旅游大省向强省转变。坚持易融则融、能融尽融地开发国家战略层面的文化价值、生态价值、经济价值，把握需求多元化、供给品质化、发展全域化、业态多样化的产业特征，坚持文化引领、产业融合、生态优先、创新驱动，以弘扬黄河文化为主题，坚持全域旅游为主导，推动产业的高科技转型升级，并结合黄河文化提高文旅供给侧结构性改革的主线地位。根据黄河流域的自然人文资源及地域民俗等特征，选择多种能够促进生态建设和保护的现代生态型产业来替代传统耕作的农业和污染工业，结合当地实际情况，形成具备产业链的潜在巨大空间，带动与之紧密联系的生态产业发展，用最新的生态产业增量消化掉污染工业存量，这是流域生态建设与经济发展互动机制构建的关键之处。把依赖生态资源消耗的传统落后产业转变为依靠高科技的生态产业，推动产业升级和绿色发展，保障重点生态功能区域提供优质生态产品，强化以水为核心的基础设施体系建设，是河南省黄河流域发挥各地区比较优势、促进生态环境保护与经济社会协调发展的主要策略。优化中原城市群的空间结构、发展模式、产业结构，对保护水环境和促进高质量发展至关重要，探索深化改革、生态文明建设的新路子也应以城市群为重点。这既符合黄河流域生态环境的基本状况，又符合流域经济社会发展的现实基础和未来潜力，更能有效落实工作中常见的因地制宜和分类施策。干支流左右岸统筹谋划、规范管理、科学利用、重在保护，共同抓好环境大保护，协同推进环境大治理，着力加强生态环境的保护治理，多方面地保障黄河流域的长治久安、促进全流域的生态环境保护和高质量发展。

创新产业驱动力，促进产业结构转型，引领产业发展，需要积极培育新产业新动能，扛稳和加强相关粮食的安全生产责任和意识。积极发展节水灌溉，提高土地产出率和产品优质率。全面巩固传统农业谈生产的同时必须提升现代农业、科学农业的发展水平，大力发展壮大优势明显并且极具特色的现代高效农业，严要求高水平地建设相关产业链的现代农业产业园、创业园、科技园、创新园、孵化园、加工园以及联合加工体，壮大加强冷链物流、乡村旅游业等现代农业服务业。工业转型大力发展高端制造业。鼓励以郑州市为载体发展高端制造业和绿色高质量的服务业，培育发展大数据人工智能、虚拟仿真技术、增材制造、量子技术、区块链和生命科学等未来朝阳产业。全面加快推动河南省西部地区中心城市洛阳市的国家产业转型升级示范区建设，鼓励以开封、洛阳、新乡和焦作等为载体，在推动传统优势产业结构的基础上延伸和扩展后续产业链，扩优拓新，培育壮大智能装备、新材料、新能源等潜力产业。资源枯竭型城市坚持走生态新路子，积极发展清洁生产能源、循环农业等绿色生态产业，比如焦作、濮阳和三门峡等城市。全面加快组建河南科技创业创新中心联盟，国家超算的郑州中心，国家生物育种的产业中心，围绕大数据高端装备、新兴能源、互联网共享汽车、北斗导航、现代农作物遗传育种等高科技领域开展关键技术的攻关，把原始理论创新和高科技的成果迅速转化为市场需求的实体经济和实体产品。加快5G的工业联网建设，发挥汽车自动驾驶、互联网超高清视频、VR/AR和健康医疗等领域的示范引领作用。

　　河南省黄河流域及周边地区的总体优势是黄河生态廊道，由于河南省处于中原地区，向来是粮食生产核心区，且河南省黄河流域及周边地区有着厚重灿烂的历史文化，所以黄河生态廊道又可以由黄河湿地山水生态廊道、黄河生态农耕文化廊道和黄河历史文化廊道三部分组成。三门峡、济源小浪底和西霞院等临近黄河流域地区，可发展黄河湿地山水生态旅游，包括健康养生、观光休闲、水上运动、写生采风、亲水垂钓等项目。依托太行山、伏牛山和桐柏山，黄河和海河"三山二河"等山水林峡湖田景观特色，打造太行山休闲观光运动旅游胜地，伏牛山和桐柏山休闲度假旅游地，黄河、海河湿地公园，沿黄河、沿海河健康休闲步行彩道。结合乡村振兴和脱贫奔小康政策的战略机遇，打造形态各异，具有黄河流域中原特色的农业体验游。随着黄河生态农耕文化廊道的日渐兴起，农业体验游从最初的农家乐、乡村游览点和农村民俗观赏园发展为集高级别的乡村休闲度假、农事活动分享采摘、农业观光为一体的农业旅游形态。中华五千年，夏至北宋长达 3300 多年的历史文明长河中，黄河流域一直是我国的政治经济和社会文化中心，在治理黄河的漫长岁月中，中华民族形成了吃苦耐劳和百折不挠的奋斗精神。黄河流域农耕文明与游牧文明在交融中逐步凝聚起开放包容和谐共生的民族精神。黄河文化是中华文明的重要组成部分，黄河流域河南段是关键地段，也是黄河文化的核心区，各种物质和非物质文化旅游资源都极为丰富。黄河经历了千百年的改道、疏导，最终形成了沃野千里的华北平原，其间的中原大地，产生了高度发达的古代黄河流域的农耕文化，此后一直到北宋覆亡，中原地区长期处于中国政治经济文化中心，洛阳、郑州、开封和安阳等地区都因古都名城被人铭记和游览。中华民族的魂在中原，当然中华民族的主根脉也在中原地区，中原的根越深，则华夏的枝叶越茂。全面建设黄河的生态文明，保护和传承黄河的优秀文化遗产，打造优秀的人文景观，不仅可以涵养丰富中华民族的精神，还可以养护华夏的文脉，彰显新时代下祖国政通人和、经济发达和政治清廉的盛世气象，大力增强中华民族儿女的文化自信、提升中华民族的民族自豪感，这些举措可以优化沿黄河的生态环境，还可以营造山青水绿的优美生态环境，唤醒老家河南的美丽乡愁记忆。尤其随着经济发展、科技进步，黄河生态保护理念已深入人心，推动黄河文化遗产保护，新时代实现黄河流域的黄河文化创造性创新转化正当其时。重点推动黄河文化创新性发展需要文化融合，在取之不尽的精神宝库里挖掘黄河符号的时代价值，在坚定增强中华儿女文化自信的同时凝聚中华民族的团结力量。推动黄河文化创新性发展，需要大力推动黄河流域的黄河文化与相关产业的高度自觉一体化融合，发展并形成黄河文化创意产业链，创新生产更多以黄河流域优秀文化为内容的高端文化产品，丰富黄河文化的公共文化产品供给，大力促成黄河文化的新时代传承奇迹并保证社会经济环境的可持续发展。要推动黄河文化和旅游业，加快推动黄河文化传承创新需要文化引领，开发河南省黄河流域丰富的中原特色文化资源，大力打造具有国内和国际影响力的黄河流域黄河文化旅游带，建设黄河文化公园、沿黄公园、步道公园、休闲康养公园等，加强黄河流域的黄河文化遗产保护展示，把黄河流域的黄河文化旅游带逐渐培育成全面展现中原地区独特魅力的国际大品牌。黄河是母亲河，黄河流域是中华民族和中华文明的重要发祥地，拥有龙门石窟和大运河等优秀的世界文化遗产。应全面加强黄河流域的文化遗产遗迹的重点保护，全面统筹推进黄河流域的历史遗迹和红色旧址等整体性、科学性、全面性、抢救性和预防性保护。不断赋予黄河文化新的时代内涵，并以全新的时代视角展现。加强黄河文化保护传承，打造传承弘扬华夏文明的核心展示区，挖掘中原优秀传统文化的精神内核和时代价值，依托黄河独特的历史文化和丰富多彩的民间习俗开发黄河历史文化名胜古迹游、武术功夫文化的少林太极游、开封洛阳等古都文化古迹寻访游和红色文化黄河精神游等旅游项目。为传承弘扬具有中原特色的黄河文化，需要加快建设以黄河为主体的博物馆、遗址公园和特色文化园，创作黄河文化风貌的文艺影视和工艺美术作品，数字时代创新动漫游戏和网络视听等新兴文化产业。进一步加强黄河文化对外传播平台建设，举办好"黄帝拜祖大典"等国家级文化交流活动，全方位开展国际文化交流合作，拓展文化传播渠道，加强黄河"文化+"拓展提升。大力推动创新发展沿黄河全域旅游，挖掘体现历史古迹、峡谷奇观、黄河湿地和古镇村落等特色精品旅游路线，开发集观光度假、休闲养生、拓展训练、科学普及等于一体的旅游产品。传承黄河文化，弘扬中华文明，挖掘中华民族的根和魂，获得中华文明的璀璨瑰宝，打造弘扬中华文明的铸魂工程。黄河流域自三门峡到濮阳之间的河南段，是文化积淀最深厚、历史渊源最悠久和精神涵养最丰富的地区，保护、传承和弘扬黄河流域的黄河文化，既是国家层面上不可忽视的文化使命，也是民族意义上的重中之重的文化担当。河南要在保护、传承、发展、弘扬黄河文化中走在全国前列，讲好优秀的黄河故事，为实现中原的崛起获得更加出彩的业绩，凝聚团结励志的精神力量，推动中华文化发展繁荣，强化支撑力、凝聚力和向心力。

任何旅游产品的开发都需要接受消费者检验，旅游产品的营销也同样需要消费者检验。旅游消费者是否青睐旅游产品的关键在于旅游产品是否满足旅游消费者的旅游体验需求。大力投资进行信息化建设，如引入 5G、AI 和 VR 技术有效提升文旅产品的品质与体验深度，让文旅项目与互联网紧密衔接，开展相关文旅场所的智能化改造，全力建设智慧的景区大平台和景区云平台，推动景区大数据的广泛运用，积极打造智慧景区的文旅项目，全方位展现新技术镶嵌的黄河流域优秀文化遗产，推动文旅产业发展，使得文旅资源在互联网时代产生更多的价值，通过最新的科技投入创新，利用科技成果展示来强化对黄河流域的黄河文化的认知，有力地促进黄河流域的黄河文化旅游供给侧结构性改革，促进智慧景区的文旅项目的成功。从智慧景区建设、互联网购票住宿等环节，开启创建高利润且具有地方特色的新型产业发展模式。

7.2.3 提升人口承载力

流域是特殊的地理空间单元，而河流必然成为区域经济发展的主要纽带，随着水的自然流动，流域内主干河流与其沿途的各级支流共同形成不同的流域尺度及经济梯度，引起流域内自然要素和社会经济要素相互影响和制约，最终形成利益诉求的一致性。黄河流域是我国典型的生态环境脆弱区，水资源短板明显，区域经济发展极不平衡（傅伯杰、吕一河，2020；樊杰、王亚飞、王怡轩，2020）。黄河沿岸经济发展相对落后，经济结构与发达地区差距明显，发展压力要求坚持大保护治理与高质量发展相结合，综合谋划黄河沿岸地区的发展（李小建、许家伟、任星，等，2012）。人口规模决定着人地关系是否协调，空间关系是否平衡，直接关系到黄河流域发展的质量与趋向。人地关系状态最直观的表现是人类经济活动产生的施压强度和资源与生态环境的承载能力的匹配程度（杨宇、李小云、董雯，等，2019）。

人口集聚（分布）是城市群集聚效应研究的重要内容（张鑫、沈清基、李豫泽，2016）。人口作为社会经济发展的主体，是区域转型与可持续发展的核心要素（王婧、刘奔腾、李裕瑞，2017）。城市群发展到一定程度，城市群的人口规模会达到一定的人口集聚密度，这也是特定区域高度工业化和高度城镇化的城市群的最高空间组织形态，城市群承担各种要素的集聚扩散和相关的运作功能，成为推动区域经济发展的重要增长极，新形势下的新型城镇化的发展是未来之必需，要想发展得快、发展得好，人口规模的大小决定了人口集聚程度，城市群在地区的生产力格局中起着战略支撑、经济增长极和高质量发展的核心节点作用（方创琳、关兴良，2011）。在黄河流域城市群高质量发展水平总体呈现自东向西、自下游往上游降低的大格局下，相比下游地区，中原城市群高质量发展明显滞后。以郑州为主的中原城市群，是未来河南省境内黄河流域高质量发展的引领者和核心载体，然而整体上看，中原城市群核心城市对未来河南省内的黄河流域的高质量发展的总体辐射功能还略显不足，进而影响中原城市群对黄河流域高质量发展的辐射带动作用。

郑州市显现出人口集聚的"虹吸效应"，积极提升城市的经济和人口承载能力，促进人口高质量集聚，支持郑州及其周边城市加快建设大数据+互联网的智慧平台，发展适应城市建设、城市生活、城市运用需求的高端第三产业服务业、现代物流枢纽中心和高端先进制造业，完善并加快以高铁为主的中原城市交通建设，力求扩大半小时生活圈，增加一小时生活圈的城市。以高水平和高质量推进郑州国家中心城市和大都市区建设，发挥洛阳高端制造业及特色文旅产业的辐射带动作用，规划建设洛阳都市圈及副中心城市，积极推动高铁枢纽建设，全面提升洛阳高质量发展的要素综合承载力。同时，引导区域中心城市周边的农业转移人口向人口低密度县市集聚，促进人口均衡分布。中原经济区的地理位置极为重要，其文化底蕴深厚、工业基础扎实、科技力量雄厚，是国家规定的主体功能区所明确的重点开发区域，其所具有的潜力极大。发挥优势，弥补劣势，推动城市群高质量发展水平的整体提升，是黄河流域高质量发展的重要途径。

提升人口承载力的同时，需要给人民以幸福感，全面建设造福人民的幸福河需要民生引领。黄河滩区河南段包括 19 个国家级和省级贫困县。贫困人口相对集中，南北两岸差异较大，总体上呈现"南高北低"状态。解决好黄河滩区的居民和深山贫困地区的居民的后续迁建问题，要集中财力精力，组织精干高效的队伍深入贫困村镇、深入深山老林贫困地区，该搬迁的坚决搬迁，扎实做好有关黄河滩区居民迁移建设和伏牛山及太行山深山地区的居民易地扶贫搬迁工作，要一村一图、一户一档。采取长效减贫机制和防范返贫机制巩固脱贫成果，全面打赢脱贫攻坚战，缩小区域差异，促进城乡资源要素自由流动，以人为本推进公共服务均等化，用最大力气造福贫困地区人民。

7.3　国家相关政策倾斜

通过"一带一路"倡议的实践，我国经济社会的对外开放获得长足发展，将周边沿线各个国家的经济建设有效地紧密联系在了一起，共同形成一个新的经济发展体，在进一步加深我国与沿线其他国家友好往来的同时，也实现了国家之间的经济跨时代的发展。"一带一路"倡议的逐渐拓展和完善，带动了不同国家、不同地区、不同产业的发展。在国家战略这一背景下，各种农产品的跨境贸易呈现出最新的发展趋势，这种情况加速了我国农业的全新转型和升级。

由于气候、地形的复杂多样，"一带一路"沿线国家大多为内陆国家，其农产品种类与我国的农产品市场形成良好的互补关系，因此，在这一倡议的影响下，我国的农业呈现新的发展局面，农产品的跨境电子商务贸易就是新的特征之一。现代的农产品要想通过互联网以跨境电子商务的模式进行网上销售，自然离不开跨境电子商务系统的网络物流体系的建设，我们只有全面构建完善的网络物流系统，才能够更好地促进现代农产品的跨境电商综合快速有效发展。对于农产品跨境电商来讲，通信技术、互联网技术的发展成为重要的技术支撑，在发展沿黄经济政策的影响下，政府对于农产品电子商务高度重视和大力支持，在建设现代农产品跨境电商以及建立相应的农产品物流体系的各阶段都给予了大力的支持，改变了传统的农产品销售格局。黄河流域的现代农产品跨境电商以及与电子商务相关的物流等基础设施都相应加快了建设步伐，很多产业和部门的发展潜力正在被激发。河南省黄河流域是我国重要的农作物生产地区，肥沃的土地资源、充足的灌溉水资源以及长时间的阳光照射，保障了农产品的质量和产量。河南省农产品的种类、生产规模与国家其他地方相比较多、较大，在全国范围内也名列前茅。根据数据统计，特色农产品主要有茶叶、大葱、大枣、大蒜、苹果、香梨、香菇多个品类和品种，省内的农产品已经超过 3000 种。近几年在跨境电子商务的发展下，河南省的农产品开始走出国门，跨境销售的范围逐渐扩大，销售的国家和地区数量越来越多。目前，省会郑州市已经成为我国在跨境电商发展过程中起引领作用的重点实验城市。2018 年，根据郑州市海关官方所发布的实时数据，河南省的出口总额已经达到1690505. 12 万元，进口总额达到 858274. 87 万元，在所出口的地区中，除了传统的欧美市场之外，"一带一路"沿线国家成为河南省重要的出口国或地区，郑州航空港、无人港的建设，以及郑欧班列的开通，成为拉动河南省乃至黄河流域外贸发展的重要动力。首先，确定好一个以实际实用高效为核心的数据中心据点；其次，形成一个全覆盖模式的跨境电商物流体系。必须为物流体系选择好其物流过程中的支点，需要考虑到物流过程中支点的不同方向和不同距离，同时增加物流中心、仓储中心等货物集聚及周转中心。物流体系应该具备多项功能，要满足货物在储存与装配及流通与配送两个环节的功能要求，各地区的货运航线整体上还需要大力并全面地进行拓展，黄河沿线需要努力改造，可通过完善及改进河流的通航功能，提升货物的流通和运转能力，黄河流域的自身优势也为形成水港的地位奠定了得天独厚的条件优势；而郑州市是当前黄河流域内，我国所设立的唯一的农产品跨境电商的试点建设城市，郑州地区建设了相对完善的跨境物流运输体系，建设规模远远领先于黄河流域的其他城市，已形成了水、陆、空多方位一体的物流据点，在运输大批量农产品货物的过程中，使用绿色通道，减少过路费用，减少审批环节，允许多途径选择公路或铁路运输等运输模式，物流园区的建设正在趋于成熟，黄河流域农产品跨境电商物流体系更加完善。选择物流方式必须要结合农产品自身的特点，才能够实现高效运输。如果农产品的时效较短，并且商品自身所包含的价值量大，那么就需要选择航空运输。就当前黄河流域内物流体系建设情况来看，对外进出口贸易的对象主要是"一带一路"沿线各个国家，主要通过郑州到欧洲的班次列车运输货物。在河南省郑州市建立水陆空立体的物流体系，为黄河流域的农产品开展跨境电商贸易提供条件。在对农产品进行物联网管理的过程中，为了实现这些产品信息以及运输过程的及时监控，就需要更多地利用科技，比如 GIS 地理信息技术和北斗技术等，尽可能多地运用目前高效实用的技术更加科学地完成分析和数据统计，在办理出关手续以及进行海关检验检查的过程中，也可以提升手续办理的效率，消费者可通过物联网系统，掌握农产品的详细信息，一旦出现质量问题或其他问题可通过网络平台进行追溯。

第8章

河南省黄河流域乡村振兴
创新发展路径

党的十九大报告明确提出，"要坚持农业农村优先发展、按照产业兴旺、生态宜居、乡风文明、治理有效、生活富裕的总要求，通过建立健全城乡大力融合发展体制和政策法规体系，加快推进农业农村的现代化。"2018年的《中共中央 国务院印发关于实施乡村振兴战略的意见》强调新时代乡村振兴对"三农"发展的设计，立足新时代"三农"发展历史定位，对乡村振兴实施顶层设计。《乡村振兴战略规划（2018—2022年）》强调国家全面建成小康社会的战略目标，分目标分阶段实现我们的第二个百年奋斗目标。全面谋划乡村振兴战略的阶段，乡村由摆脱贫困到全面振兴，我国的农村社会经济也由摆脱贫困向快速增长阶段，再向高质量发展阶段转变，我们最广泛最深厚的农村也必将发生前所未有的翻天覆地的变化，要因地制宜地顺势而为，发挥各种优势，以长处补足短板，全面推动农村的现代农业升级，进一步促进农村进步和农民发展。

8.1 乡村振兴基本内涵

党的十九大首次提出乡村振兴以后，党中央不断明确建设主体和成果享有主体。在社会主义强大的制度优势中，在党中央的高度重视和科学决策下，在党坚强领导全国全社会，以及亿万农民的大力支持和积极参与下，乡村振兴战略是实际摆脱贫困后，我党在农村、农业经济发展方面采取的又一重大战略，必将得到很好的实施。历史悠久的农耕文明和旺盛的市场需求赋予广大农民群众更多的创新优势及创新精神，农村的发展趋势和劲头、农业的快速机械化、农民最朴实的求进心理都为乡村振兴奠定了坚实基础。我们需要以共建共享的行动为基本途径，最终促使乡村振兴的梦想真正实现。现实中，在具体施行乡村振兴战略的工作过程中必须坚持两个原则——因地制宜和循序渐进。《中共中央 国务院关于实施乡村振兴战略的意见》中已经明确规定，我们需要审时度势地依照科学去制订政策，从而把握地区差异的不同乡村总体特征。一是我们做好国家的高级别的顶层相关政策设计，二是特别要注重常规的重点规划先行，三是特别强调解决乡村的重点问题，四是科学分类和分步实施解决相应问题的对策，五是发挥好乡村振兴的典型示范区的引领作用，深入推进和开展政府、企业等管理者的学习调研创新，以全国的支撑力和号召力，全面推动我们的乡村振兴梦想，走在时代的前列并取得最好的成效。当前的农村发展要立足于我们广大的农村地区，因势利导，因地制宜，保持良好绿色发展和保护生态环境，坚持实施人类与自然环境的和谐共生，坚定不移走新型乡村绿色高质量发展的路径，守住生态环境的保护红线，让良好的乡村文明生态成为我们的乡村振兴战略的核心支撑点和立足点。

8.2　乡村振兴新时代价值

乡村振兴是以习近平同志为核心的党中央在全面考察与把握我国农村发展现实状况、发展趋势以及农民大众相关发展诉求的基础上所创造出的极具新时代气息的农业发展战略。这一战略具有极高的价值，具体包括以下方面：

8.2.1　乡村振兴推进工农业现代化，实现城乡协调发展

5000 年的农耕文明，让传统农业型国家更加注重农业，农业对于我国各项社会经济事务的稳定持续发展具有重要的引领推动和安全保

障作用。当前，社会发展迅速，我们的现代工业也得到快速发展，这有效地加快了我们乡村经济社会发展的步伐。但当前农业的现代化水平较低、资金投入缺口较大、全社会的关注热度低等，造成地区缺乏长远的目光和更长远的谋划意识，这样的后果就是发展意识只停留在温饱意识上，没有高质量发展的未雨绸缪意识。这种落后的意识极大地阻碍了我们当前的农村农业农民的高质量发展。我们强调乡村振兴战略的有效实施，能够全面且较有力地突破农村农业发展中存在的问题。在新型城镇化的现代化发展过程中，很容易遇到难题，且是一系列瓶颈问题。为实现乡村振兴战略，我们必须培养农民农村农业的现代化意识和能力，只有实施这一步骤，才能不断提升全体农民的科学思维，促使他们成为具备现代意识的一代新人，为农业现代化的最终实现提供持续恒久的动力。另外，乡村振兴在我国农业现代化发展过程中，能够发挥对农业发展资源的有效配置作用，在充分实现物尽其用、适得其所的基础上，进一步推动我国农业有力发展，使农村在现代化的进程中、在工业与农业现代化同步发展的基础上逐步缩小交通、住房、生活收入、医疗卫生和社会保障等方面，特别是在教育方面所存在的城乡差距，进而全面实现城乡的协调高质量发展。

8.2.2　乡村振兴能够树立中国模板，提高农业国际地位

通过增强乡村各方面的吸引力从而达到最终目标是我们的软实力的体现。中国的强大包含多方面和多地域，除了城市的快速发展，还包括乡村的快速发展。乡村才是彻底改变中国命运的关键。在世界农业发展中，第三世界发展中国家普遍比较落后，目前发展中国家正在通过自身的努力奋斗逐步实现现代农业的崛起，而发达国家无论是在农业科学技术领域、农业人才培养还是农业成果等方面都处于世界领先地位。近年来，一些国家在气候、贫困和战争等自然以及人为因素方面受到多重影响，诸如战乱、天灾、缺粮、政府倒台等，严重扰乱了正常经济社会的

发展秩序和世界经济的增长。

世界农业发展中的诸多问题通过实行乡村振兴来解决，同样能发挥积极重要作用。以乡村振兴为理论基础，科学打造出中国农业发展的优秀模板，为发展中国家实现农业发展状况的改变提供借鉴，以乡村振兴为立足点，充分打造出我国实现乡村振兴的发展模式，将我国农业发展的优秀经验有效输出，为农业发展较为薄弱的国家提供相应的技术与物资援助，从而在大力推动世界农业实现良好发展的基础上大力提升我国在国际农业发展事务中的话语权和地位，提升国家软实力。

8.3　乡村振兴的创新发展路径

8.3.1　展示乡村旅游的金字招牌，发挥乡村旅游产业优势

农村产业的创新、发展，一定会使农村相关企业不断地做大做强，真正为农民提供更多的就业机会，增加广大农村居民的总收入，助力实现乡村振兴中生活富裕的目标。农村发展的重点在产业，只有将产业兴旺作为重点才能持续提供农村发展动力；绿色发展生态宜居同样也是农村发展的关键，把现代的农村产业与绿色生态环境有机结合起来，才能为目标中的"让农村乡风文明、环境治污有效和农民生活富裕"提供全面且极为重要的支撑。现代农业的可持续发展是农村发展的基础，推进现代农业产业生态化和绿色生态产业农业化，加大科技含量，推动农业整体水平上台阶，必须加大当前乡村产业结构升级优化调整力、深化现代农业供给侧结构性改革、努力实现农村高质量发展，积极努力把乡村旅游业作为当代乡村振兴战略发展中的主体服务产业，展现乡村旅游的金字招牌，发挥乡村旅游产业的各项优势。

若要稳健持续地发展乡村旅游经济，必须大力发展占比较大的乡村特色农家乐、田园主题民宿客栈和现代农业高科技生态园等多形式的乡

村旅游资源，让其种类和功能日益丰富多样且具备吸引力。但是，现阶段某些乡村旅游产品的组织结构过于枯燥单一，旅游功能也几乎雷同，这就造成乡村旅游产品的需求不均衡，淡旺季落差过大，特别是宣传力度不够，生活设施不到位，旅游项目品质不高，导致许多乡村旅游企业要么选择短平快地转型做房地产产业或现代农场，要么持续挣扎在将要倒闭的边缘，而在城镇生活的许多老人，却在为怎样改善自己的生活质量而苦思冥想。要从需求与供给的关系入手，主要探讨如何更好吸引生活在城市的居民，研究其喜欢来到乡村旅游的动机，转变乡村旅游发展思路，对乡村旅游产品供给侧进行改革。当前的乡村旅游，主要定位为观光休闲旅游，然而目前乡村旅游企业在经营过程中，希望能最大程度地吸引客源、拉动人气，以便获得更好的经济社会经营效益。动与静分离的养老规划，让养生养老与乡村旅游的区别表现在功能定位的差异，两者既有重合之处又有区别，都希望在日常旅游开发中有一定规模的客流量来提升人气。但是，喜欢旅居养老的群体，更希望能安静地享受属于自己的美好田园时光。闹中取静是养生养老的期望，那么在空间布局上就要做到动静分离，在房屋的建筑风格上要考虑不同职业背景和情趣的养老客户对装饰风格与文化元素的不同喜好，围绕市场消费者的需求调整乡村旅游产品构成，转变乡村旅游发展思路，对乡村旅游产品供给侧进行改革。

8.3.2　提高农民文化素质，确立发展主体地位

乡村没有吸引人的产业和就业机会，也没有吸引人的公共服务和基础设施，大多数农村不具备留住中青年农民的资本，有不少村庄出现留守儿童、妇女和老人的现象，面对工业化、城市化、信息化的迅猛发展，乡村面临着日益严峻的问题。在这个过程中，如果不能调动农民的积极性，也就不能确保农民的主体性地位。现在的农民被有意或无意卷入新型城镇化进程当中，已经没有足够的理性反省能力，现在大部分农

村新建的住宅都是模仿城市样式，农村传统的建筑风貌基本上被当作落后的东西抛弃。这些在一定程度和意义上表明，农民失去了应有的文化自主选择权，农民整体素质有待提高。乡村目前的文化理念、消费观念和价值观念等基本是由城市来主导的，这实际上是文化主体性不足的问题。

农民的主体性曾经被忽视，其在经济、社会、文化等方面的主导权、参与权、表达权等都有待加强。主体性的体现需要有一定能力的人群来支持，主体性的关键就是权利和能力问题。乡村振兴的组织架构复杂，需"建立健全党委领导、政府负责、社会协同、公众参与、法治保障的现代乡村社会治理体制"。农村土地资源的开发流转是敏感问题，有些投资者并不是真正想发展农村，他们用从农村租来的土地资源获取抵押贷款，空手套白狼，导致农民的利益受到损失，因此，必须重塑现代乡村社会的规范，增权赋能保证农民的利益。农村缺乏市场机制配置，许多资源都没有进入市场进行交易，农民难以从中受益，不能把资源变成财富。农村的人口结构发生变化，失去互助的基础，优良的乡村价值需要保留和弘扬。在乡村振兴战略实施过程中，文化自信是我们国家和民族最持久深沉的基本力量，在继承和弘扬文明乡风的同时也要吸纳新的现代文明价值，乡村振兴的一个重要任务，就是要融合城乡价值。我们需要持续加大政府投入，尽力完善乡村的乡土文化的公共服务基础设施建设，持续加强农村地区的乡村文化价值供给力，为广大农民群众搭起展示自我成就的官方平台，加强驻村干部队伍建设，选派工作能力强、责任心强的驻村工作队和农村第一书记，充分发挥工作队和第一书记带领的村党支部的优势，培养新型农民，支持有知识、懂技术的年轻农民回乡创业，激发大学生、退伍军人等为农村服务的热情，提高现代农民各方面的素养，包括高尚思想道德素质、先进科技文化水平和科学生产技术技能。让农村居民切实获得好处，让农民有实在的获得感和长久的幸福感。

8.3.3　保护绿水青山，全面打造绿色生态宜居乡村

乡村若想全面振兴，必须实施五位一体，生态宜居乡村的建设是乡村振兴的关键所在。清新的空气、恬适静谧的乡村田园风光等，越来越成为重要需求，要严格守护乡村生态环境保护的红线，以绿色生态高质量发展引领我们的乡村振兴。乡村应与城镇互促互进、共生共存，共同构成社会人类活动的主要生产生活空间。乡村具有生态等多重功能，同时也是自然等多种特征的地域综合体，但相较于其他发达地区，历史欠账较多，没有足够的经济支撑乡村基础设施和环境治理。那么，如何加大投入？钱从哪里来？怎样使乡村能够顺利快速地发展？由此，乡村绿色发展和生态宜居乡村建设逐渐成为重中之重，最终助力推进乡村振兴战略的实施。

打赢乡村生态环境保护攻坚战，还需要持续推动乡村生态环境的治理和修复，并加快形成乡村绿色生产生活的高质量发展方式。要把休耕和退耕相结合，发展现代高效农业，减少水资源的浪费和污染。加强农村农业面源污染的防治，全面实现现代乡村产业的创新发展模式，最终实现农村生产生活的绿色生态化。要采取集约处理方式，统一处理生活垃圾、田间秸秆、污水粪便。加快推进循环利用尤其是剩余物资，发展现代农业，深入实施乡村秸秆禁烧制度，循环利用牲畜排泄物，提高家庭沼气利用率，建立高效的农业生态循环系统，大力推广农村有机肥的使用，全程绿色防控重点病虫害。规范限量使用牲畜饲料添加剂，减少使用兽用抗菌药物。通过建立现代农业产品的网络电子时效追溯制度及严格的农业产品标准，改变高消耗高污染的产业，全力支持低消耗低污染的现代农业产品生产，促使我们的乡村生态环境得到修复和有效持久的保护。全面统筹并系统维护山水林田湖草系统，不断完善相关的保护管理制度，大力推进乡村生态保护与修复，以重点乡村的生态保护和生态环境的修复治理工程项目为抓手，大力促进乡村自然生态系统功能提高，让在农村居住的农民的生产生活环境得到稳步全面的改善。

第9章

河南省焦作市全域旅游
示范市建设

在全球经济一体化的背景下，旅游业繁荣发展，成为中国第三产业中发展最快、最好、最有前景的新兴产业，旅游业所具备的当下活力和未来极大潜力以及所产生的爆发力和对整体产业链的带动力，使其成为中国国民经济高质量发展新的增长引擎。党的十九大报告指出我国经济目前正由高速增长阶段转向高质量发展阶段，在此关键节点，发展全域优质旅游，是国家经济转型的必经之路。

焦作市召开全域旅游工作推进会，决定加快国家全域示范市建设步伐。焦作市拥有丰富和典型的人文和自然旅游资源，新常态下进行全域旅游资源开发与利用，把旅游业作为焦作地区高质量发展的主导产业、支柱产业，在发展绿色经济的同时保护生态环境，这些对于促进焦作市的旅游业可持续健康发展具有重要作用。要把焦作市建设成体现全面创新发展理念示范市，把旅游业的高质量发展作为经济转型成功的最新动能，在中原出彩中展现重彩。

9.1 焦作加快建设全域旅游示范市

全域旅游作为一种新的旅游发展模式，是新时代发展的旅游观。全域旅游已经成为主动适应地区特点的高质量发展路径，也是一种发展新理念。抓转型、调结构、抓脱贫、建小康、抓生态、优环境是其现实体现。如今政府的眼界更宽了，政策的推力更大了，人们的愿望更丰富了，这些都推动着全域旅游的发展，在建设现代化旅游经济体系中，全域旅游产业成为人类与自然和谐共赢的美丽产业。焦作加快建设全域旅游示范市具有以下优势：

9.1.1 区域交通优势

焦作地处河南省西北部，北部位于南太行，南部紧临黄河，总面积4071 平方公里，下辖 11 个县市区，常住人口有 358 万。焦作毗邻晋东南煤海，地下水储量可观，南水北调国家重点工程穿越焦作，被誉为"晋煤焦水、天赐良缘"。西气东输从焦作经过，煤层气资源储量丰富，完善的电力网络为焦作提供充足的电力保障。焦作市是资源枯竭型城市，在煤炭资源枯竭时及时转型，打造工业强市，大力发展旅游业，通过项目拉动、科技创新推动战略，实现经济社会的平稳较快发展。2017年地区生产总值达到 2342.8 亿元，同比增长 11.82%。焦作营造有诚信的社会环境，加强政府、企业、社会、个人等全方位、多层次诚信体系建设，荣获"中国投资环境百佳城市"和"跨国公司最佳投资城市"称号。

焦作是河南省内交通比较发达的地区，高铁焦新、焦枝、焦太铁路穿境而过，目前已经可以直达杭州、包头、上海、广州、深圳、太原、呼和浩特等。有焦作—郑州市、焦作—晋城市高速公路，又有焦作黄河公路大桥与国道贯通，与地方路网纵横交错，焦作到郑州等周围城市的行程均在 1 小时左右。四通八达、高铁相连、高速相接是焦作全域旅游示范市建设的重要基础，是全面进入高铁时代的旅游形象品牌的国际化路线保障，实现了县县通高速、乡乡通二级、村村通硬化路。郑焦城际铁路、郑焦城际铁路云台山支线相继开通，郑州至焦作仅 25 分钟车程，郑州至云台山只需 30 分钟。

9.1.2 资源环境优势

焦作人杰地灵，名家辈出，是一个有着深厚历史文化底蕴和丰富文化内涵的城市，是中华民族的发祥地之一。神农尝百草、女娲补天和黄

图 9-1　焦作市龙源湖公园

帝祈天等美丽传说源于焦作。嘉应观、慈胜寺、三圣塔、妙乐寺塔、世
界文化名人朱载堉墓、早商府城遗址等被国务院公布为文物国宝。山阳
城遗址、竹林七贤遗址、汉献帝陵、古羊肠坂道、武王伐纣遗址等古迹
犹存。月山寺、韩愈陵园等名胜荟萃。河南省焦作温县陈家沟为太极拳
发祥地，太极拳历经 300 多年的沧桑变幻，已成为人数最多的世界第一
的武术运动，是世界文化瑰宝。焦作市区内有焦作影视城、龙源湖公园
（见图 9-1）和城市森林动物园等景点，市内的旅游项目种类繁多。焦
作市的古老文化与现代文明相互碰撞交织，绽放出灿烂夺目的光彩，与
云台的山水风光交相辉映，既为焦作的山水增添了神韵，更具有深刻的
文化内涵。焦作有山——太行山，有水——黄河水，有拳——太极拳。
无论是自然景观还是人文景观，都得天独厚。焦作市紧邻的南太行山分
布着 1000 多处美丽景点，高山和流水相存相依，雄厚中蕴含秀美，春
天赏山花、夏天看山水、秋天观红叶、冬天览冰挂。焦作市的山水风光
秀美壮丽、如诗如画。焦作沿太行山一线已被公认为是太行山最美最好
的景色。北部太行山层峦叠嶂，南部黄河水源远流长，如野马奔腾的黄
河经过小浪底水库的驯服，已经由过去的悬河、危河变成了今天的安
澜。大山大河的气势磅礴造就了焦作山水美景的大气和焦作全域旅游示

范市的大势。山与水自然交融、形神相依，既有通天拔地的气势，又有神奇险峻的形态，在这里成就了山水的绝妙融合，宛如中国山水画的立体长卷，幽奇相兼。云台山世界地质公园作为国家风景名胜区以山称奇，以水叫绝，成为南太行五大著名景区之首；最能体现焦作山水旅游特色的云台老潭沟天瀑 314 米落差，美不胜收，堪称华夏第一高瀑；温盘峪丹山碧水，精美清幽；小寨沟三步一泉，五步一瀑，十步一潭，似跳动的音乐、流动的画卷，更是叹为观止的山水世界。云台山的茱萸峰依天耸立，雄奇壮观，唐代著名诗人王维曾在此留下"独在异乡为异客，每逢佳节倍思亲，遥知兄弟登高处，遍插茱萸少一人"的千古绝唱，至今流传。博爱县青天河，作为省级风景名胜区，秀丽堪比江南，有北方小三峡之称，其中的中华第一泉——三姑泉四季长流，汇就大泉湖。大泉湖既有一川碧水之灵秀又有幽谷深峡之奇观，行船荡舟大泉湖，船移动则美景变化，美景随船移动，这些动态的美景足以把北国山水的伟岸和南国山水的烂漫全面包揽。该景区还有天然形成的世界第一大佛——青天河大佛。青龙峡风景区是河南省唯一的峡谷型省级风景名胜区，享有"中原第一峡谷"的美誉，这里气候宜人，秀色天成，移步换景，景景相宜，堪称山水画廊，避暑胜地。景区内泉潭瀑溪放眼皆是，一泉一景，一潭一色，一瀑一姿，一溪一态，潭瀑相连，相映成趣，泻玉流翠，色泽如绘，如一行行优美诗句，似一幅幅水墨画卷，使人赞叹，令人流连。群英湖风景区，更是把这里的山水风光点缀得如诗如梦，宛如人间仙境。神农山风景奇、绝、雄、险，被誉为太行精粹，其中的白松岭山中有谷，谷中有峰，神如一条巨龙在舞动，形似天地造化的长城。岭上 16000 棵珍稀树种白皮松，具有千年树龄，古老苍劲恰似青龙背上的鳞片，光彩照人兼具风情万种。山风抚过，松涛阵阵，轰鸣声声，如虎啸龙吟，似万马奔腾，情景交融，气势如虹。焦作市拥有四大怀药的地理标志产品，包括怀地黄、怀山药、怀菊花、怀牛膝，这四大怀药以药材地道、疗效神奇著称，是我国中医药文化的美丽瑰宝。

9.1.3　制度人才优势

焦作市委、市政府多年来注重建立完善高效的政务工作环境，在党的核心领导下，同心同德，从上到下牢固树立创新规范和务实简洁的行政勤政工作理念，先后建立了市、县、乡三级行政服务中心。政府坚持为相关外来企业投资者提供零距离保姆式的优质政府服务，已经并长期坚持拥有良好的企业发展政策环境，使焦作市成为河南省享受振兴东北老工业基地政策的 5 个重点城市之一，也是中华人民共和国商务部所确定的中部 9 个加工贸易梯度转移重点承接地之一。焦作是河南省的人才资源大市，拥有高中级人才，在全省属前列。招揽人才、培育人才、厚待人才、服务人才为焦作全域旅游示范市建设注入动力。

9.2　学习成都和佛山结合自身优势创新发展

9.2.1　学习成都和佛山经验

成都和佛山的党委、政府在加速地方经济社会发展的创新前瞻制度激励、品牌创立、生态产业聚集、人才和干部的执行力等方面的作为都值得学习。焦作在利用现状优势的基础上因地制宜，勇于实践并结合自身特色实现可持续发展。

成都和佛山改革创新发展家喻户晓，当地政府的先进理念和成功经验值得深入学习。成都，位于祖国西南部，是西南地区最具活力的城市之一，也是国家确定的 8 个国家中心城市之一。近几年成都全面发展，取得了令人瞩目的成就。焦作政府学习成都的高质量发展，着力把打造现代产业生态圈作为全面构建现代产业体系的重要路径，把抓项目投资作为工作的重中之重，优化环境，简化审批程序，提供服务资源，创造培育现代产业优势。成都是美食之都，以巴蜀文化为底蕴，品牌川菜小吃为特色，品牌名店名企为代表。其中的品牌，更多的是指那些具有悠久历史的老字号。要高质量发展，就要招才引智。招商引"资"更多的是要素驱动，招才引"智"更多的是创新驱动。老字号是一个城市的独特记忆，要学习品牌的创立，切实把培育壮大本土企业作为推进焦作发展的战略举措，在全市营造关心本土品牌企业的良好经商氛围，激发本土企业潜在的投资热情和发展动力，大力培育本土自主品牌系列产品。要高速发展，就要招商引资，而人才是事业发展的第一资源。为了吸引人才，焦作出台了很多政策，但仅有政策还不够，还应从企业、社会层面发力，努力把人才吸引到焦作。成都在人才引进、金融服务、政策环境等方面，为创新创业者提供了良好环境，值得焦作借鉴。在清除体制机制障碍方面，针对简化审批程序、优化融资环境等发力，加大政策支持和保障力度，全面营造服务发展的制度环境。在人才引进方面，要进一步强化人才优先战略，完善优化人才政策，多途径、多层次引进和培育创新创业人才，政府在加大人才引进力度的同时也要全面构筑焦作市的人才高地战略。成都通过全面提升城市能级水平和功能品质，形成了一套成熟的城市发展经验。成都的经验做法，值得我们进一步深化梳理，重点思考和整理完善，然后转化成推动焦作市各种产业发展的强大驱动力，推动豫北五市协同发展、加快新焦济洛联动发展步伐。在促进郑焦融合发展、打造自然生态环境上，要以成都、佛山生态环境建设为标杆，加快构筑焦作的生态圈，努力补齐生态建设短板。佛山地处珠三角地区，是我国最有经济活力的地区之一。佛山地处国家开放前沿，又依托广州、深圳、东莞等一流发展城市，成为全国制造业转型升级的唯一综合试点，也是观察中国现代制造业的坐标点。佛山把制造业当成第一要务全力保障，牢固树立"制造业兴则佛山兴，制造业强则佛山强"的发展理念，为我国现代制造业的转型提供了可参考借鉴的佛山样本。佛山的产品研发强度，已经超过发达国家2.4%的平均水平，进入创新驱动的产业新阶段，进入了创新和高质量发展的转型期，敢作为、敢担当、敢为人先的作风和精神值得焦作学习。创新决定未来,焦作要学习成都、佛山大胆创新的精神,立足市场、引领市场,不断研发、推陈出新。佛山与焦作地域、面积类似,人口数量相近,经济结构相似。焦作可以在佛山和成都的创新成功发展中找到适合自身高质量发展的经验和答案。

9.2.2　加快建设全域旅游示范市战略因地制宜创新发展

焦作市加快建设全域旅游示范市战略包括创新制度、资源开发和产业集群、特色品牌创立等方面。

9.2.2.1　创新制度

焦作市党委、政府在创新管理模式上求发展,制度上求突破,机制上求创新,不断深化景区内部管理,全面彻底改革,以最大限度充分激发市场主体活力,建立机制留人、政策留人、事业留人、待遇留人的灵活机制,在全社会各行各业,形成推动全域旅游发展的多方面的强大合力。为务实推进焦作市的全域旅游创建工作,焦作市成立了高规格的创建全域旅游工作政府领导小组,建立了相关的旅游工作定期议事协调机制,并在总结以往经验的基础上,大刀阔斧地编制了《焦作市全域旅游总体规划》的初稿,加快推进《黄河生态文化旅游带总体规划》和《焦作市中心城区及"十三五"旅游规划》编制的总体工作进程。出台了《关于焦作旅游产业转型发展的工作意见》等措施,把长远规划与近期规划结合起来,把创建国家全域旅游示范市三年行动计划与每年工作安排结合起来,把全域旅游工作与生态文明建设、脱贫攻坚、"四城联创"、"四好农村路"建设、特色小镇和美丽乡村建设、农村人居环境改善等紧密结合起来,做到综合谋划、协调推进、上下联运、共享共治推动全域旅游发展。全民共建共享相互促进、相得益彰,为建设全面体现新发展理念的示范城市贡献自己的力量,并且为中原更加出彩做出新的贡献。

9.2.2.2 资源开发和产业集群

在分析了焦作全域旅游示范市建设的发展区域背景、梳理旅游资源禀赋以及旅游业规模概况基础上，提出完善旅游城镇体系，提高旅游产业综合效益和管理水平，破题文化旅游发展，转型旅游发展动力，提高现代服务业水平，更加强调旅游产业集群发展模式。根据旅游业市场需求和发展趋势，在改善旅游资源开发和保护生态环境基础上，提出农耕体验旅游资源、佛教素食旅游资源、乡村休闲旅游资源、非物质文化遗产旅游资源、工业旅游资源和战争旅游资源等新开发资源。全域旅游示范市基本形成，拥有 6 大类资源：山岳型观光景观资源、水体景观资源、古村落资源、生态洞穴资源、太极文化资源、休闲度假资源。焦作市政府相关部门统一规划设计布局、整体安排部署和综合统筹实施，以大手笔、大眼光、大策略，把焦作市看作一个整体大景区，作为一个国家公园来谋划规划打造，合理布局景区城区、乡村旅游业道路发展、景观设置，合理布局山区滩区川区旅游业的道路发展、景观设置，把焦作打造成国内外知名的宜居宜游的综合旅游目的地。焦作市在产业发展规划上求突破，把项目做实做大，大胆突破、追求创新，想方设法吸引外来投资，只要对发展有利的，就不惜一切求合作、求投入。做好"旅游+"和"互联网+"的系列产业，让"互联网+旅游+文化""互联网+旅游+工业""互联网+旅游+农业""互联网+旅游+康养""互联网+旅游+体育""互联网+旅游+城建"等"互联网+""旅游+"产业起到很好的引导作用，努力实现旅游与其他产业的全域融合、互动并进，促进旅游业转型发展、提质增效。2017 年，根据统计数据，焦作市共接待游客 4695.92 万人次，同比增长 11.7%；实现焦作市旅游综合总收入 386.13 亿元，与往年相比增长 12.7%，稳居河南省的第一方阵。

焦作旅游总是以其独特持久的魅力和个性，特别是独特的管理模式引领中原地区的旅游新潮流，焦作云台山音乐会引爆全场、夜游云溪谷的精品旅游线路异常火爆、陈家沟太极拳表演观众掌声如潮、青天河游船上游客络绎不绝，陈家沟太极拳文化国际交流中心、太极拳剧场、太极拳游客服务中心、云台古镇（见图9-2）、七贤民俗村等一大批大项目在建或先后建成投用，嘉应观旅游区和青天河服务区项目都被列入全国优选旅游项目，博爱青天河景区成功创建省级旅游休闲度假区。云台山凤凰岭索道、神农山索道提升改造，云阳寺扩建，青龙峡索道改造等基本完成，以休闲度假综合服务为主题的绞胎瓷产业园、万花庄"龙"文化旅游区、韩愈文化公园、承享生态园等项目进展顺利；大型旅游商业综合体万达广场顺利开业；云台山综合旅游度假区、太极拳大学、嘉应观田园综合体、修武县运粮河城区段生态文化旅游项目、当阳峪陶瓷产业园等一批新项目积极推进。焦作市的太极体育中心、焦作市森林动物园和月山寺成功创建3A旅游景区，全市A级景区数量总共达到22家。在国家提倡的公厕革命中，焦作市总共投入1936万元，用于加强旅游厕所建设，为此被国家旅游局评为厕所革命先进市。焦作市推动创新旅游业发展，转型发展重点项目103个，总投资1096亿元。焦作市的旅游产业主要依托"一山一拳"的理念，打好云台山和太极两张王牌，把"太极圣地山水焦作"品牌形象树立起来，作为引领产业融合的重要抓手和促进措施。中国河南省焦作市国际太极拳交流大赛获评中国体育旅游精品项目，参加国际交流大赛的外国选手云集焦作，形成独特景观，太极拳更加风靡全球，各种太极拳协会、武会遍布全国。太极拳已经成为当地养生健身的第一锻炼追求。焦作市云台山、焦作市陈家沟（见图9-3）和焦作市嘉应观入选全省中华源精品线路，"世界太极城·中原养生地"地方品牌形象深入人心，推进国际文化旅游名城建设的工作也正在紧锣密鼓地进行。云台山旅游节，焦作红叶节，博爱县、沁阳市创新举办的博爱美食节、沁阳神农文化节等旅游成果丰硕，通过地方品牌效应和节会交流，焦作市和40多个知名旅游城市通过网上平台合作建设了海外网络营销平台，非常成功地举办了韩国首尔、釜山旅游产品宣传推广周营销活动，在美国洛杉矶和加拿大多伦多设立了焦作市旅游产品宣传推广中心，并与百度及携程网开展旅游合作。焦作市持续开展联合国世界旅游组织的旅游可持续发展监测行动，重点深化与友好城市韩国庆州市和忠州市的旅游相关合作，全面加快推进焦作和郑州的大力融合发展。焦作市以南太行山生态、旅游集聚带、南水北调城市、生态文化休闲带、黄河文化旅游产业带和大沙河湿地文化景观带为切入点，努力通过全市的统一部署，加快旅游资源一体化推进，形成焦作市全域旅游发展新格局。

图9-2　河南省焦作市云台古镇

图9-3　焦作市温县陈家沟

9.2.2.3　特色品牌创立

焦作应在特色品牌上求突破，注重开发特色产品，挖掘各地特色民俗、特色活动、特色服务，构建特色旅游业服务体系，创新各类营销方式，不断推动焦作"走出去"，提升焦作旅游影响力。河南省焦作市的自然和人文旅游资源非常丰富，以各种特色旅游为主题的云台山航空旅游、360°环球影幕、夜游云溪谷、高山草甸帐篷营地、巴士房车小镇、陈家沟中华太极馆工程都在紧张实施中，同时，培育建设一批有山水、有景色、有特产的乡村旅游的特色村落，发展市区内的乡村旅游，发挥乡村旅游在乡村振兴中的精准扶贫和在脱贫攻坚中的决定作用，打造优质乡村旅游品牌，对有资源优势的贫困乡村建档立卡。在确定为乡村旅游特色村培育重点基地时，根据村庄自身的基本情况，大力投资旅游基础设施建设。对旅游开发规划和旅游交通等进行深入调研，全面了解焦作市的乡村旅游资源开发、景点布局、景观设置、民宿建筑、农家乐等旅游企业经营管理情况，了解焦作市的乡村旅游业，以及当地农民通过农村的旅游产业脱贫致富的实质效果、基本收益、受益人数及进展程度，并以此为发展的基础着力点，大力开展乡村旅游特色村培育工作。2018 年，焦作市评选乡村旅游特色村，经过政府专家的层层筛选，6 个产业特色明显、公共服务功能完善、网络基础设施齐全、带动作用明显的旅游村庄，被评为河南省乡村旅游特色村。除此之外，还有山阳区卢亮沟户外营地、修武县云阶康养小镇等特色乡村旅游。

第10章

焦作市旅游业供给侧结构性改革

旅游产业中的需求和供给，是旅游系统中两个重要组成部分，既相互依存又互相对立。党的十九大明确强调中国特色社会主义进入新时代，我国社会主要矛盾已经转化为人民日益增长的美好生活需要和不平衡不充分的发展之间的矛盾。破解这样的主要矛盾，需要贯彻习近平新时代中国特色社会主义思想，全面谋划、综合研判，充分利用各种已有的自然和人文旅游资源，积极发展生态旅游。对于焦作市创建国家全域旅游示范市的战略而言，必须以旅游业供给侧结构性改革为主线，非常重要的是采用进一步打好"四张牌"的思路举措。当前，城市建设、休闲方式、居民消费已经步入快速转型优化升级的重要发展阶段，焦作市的旅游业正迎来前所未有的黄金发展期。同时，焦作市的传统旅游业由于过于陈旧、方式老化，也处于矛盾比较激烈的凸显期，旧的旅游产品供给已经跟不上新时代旅游者的消费升级需求。社会发展的全域旅游是一种全新的区域旅游发展理念和模式，将一定的行政区域作为整体旅游区来打造，实现资源优化配置、要素合理流动、产业融合发展，进而统筹带动全域经济。保持可持续发展且旺盛的新型生态旅游，需要证明当前制约旅游业持续发展的最主要因素不是旅游需求的不足，而是旅游业供给侧结构的不合理和不平衡。旅游产业未能适应时代新变化，满足需求方面灵活性不足，旅游项目的创新性不足，这些都不能适应需求侧的多元化的升级型市场消费，为此必须着力整体推进旅游供给侧的改革，打造焦作市的全新旅游产业结构，转型升级，全面提高焦作旅游供给体系的质量与水准，创造出具有吸引力的旅游资源和旅游产业结构，最有效地供给安全旅游产品。全域旅游示范市的建设，特别强调居民与旅游者之间的相互融合，全行业都应积极融入旅游业，全城居民共同参与旅游业，政府全部门齐抓共管旅游业，上下联运，发挥大联合、大协作精神，充分利用旅游目的地全部的吸引物等相关旅游要素，为前来旅游的游客提供最好的全过程和全时空的旅游体验产品，从而全面地满足各地游客的各类需求，提升全方位旅游体验效果。建设全域旅游的最终目标不是停留在旅游人次的增长和旅游收入的提高上，而是要使旅游业高质量发展，尤其是要对文化底蕴挖掘整理，提升文旅项目的品质内涵和实际意义，满足旅游者对生活品质的需求。河南省焦作市政府各部门应将旅游业供给侧结构改革优先置于当下国民经济改革的全局之中，统筹谋划，因地制宜，搞活存量与做优增量同时进行。促进焦作全域旅游示范市创建中的供给侧结构性改革，景区收入结构和旅游产品服务是极为重要的两方面。

10.1　优化景区收入结构

门票经济中的高票价导致恶性循环，长此以往不可持续，需要改变。当今的休闲度假时代，各类景区需要改变现有的主要依靠门票收入的旅游收入结构，由于旅游业是一个完整的产业链条，是集"吃、住、行、游、娱、购"等各种要素为一体的相关产业集群，若景区门票经济异军突起，就会发生旅游产业链结构变异，最终导致旅游行业其他要素的萎缩。旅游群体可自由支配经费在一定时期和经济阶段是常数，如果景区的门票花销过大，最终必然会扼制游客其他方面的旅游消费。正确的做法应该是减少门票支出，让游客把更多的钱用在愉悦心情、投身健康上，不重视消费要素的合理支出，就会扼杀消费者的积极性，进而扼杀消费市场本身，旅游相关要素产业及旅游产品相关延伸受到制约，就不可能得到充足全面发展，最终处于发育不良的状态。景区的门票经济，是自身的局限性难以跨越的天花板经济，依赖刚性收入的传统景区经营模式，从市场经济的高质量发展角度来说，是不可持续发展的。虽然景区资金投入不断加大，且景区运营成本不断增加，但门票不可能持续上涨。总结省内外成功景区的运营经验，大旅游经济毫无疑问会是焦作全域旅游示范市创建发展的必然选择。大旅游是指商务旅游、文体旅游、节庆旅游等多种业态的高度融合，这个过程会加速旅游产业化进程，促进旅游资源可持续开发，促进社会、经济和文化的协调发展，促进整体文明程度的提高。以著名的杭州西湖景区为例，2002 年杭州市就提出西湖景区免费游的理念，对环湖公园的景点实行免费开放，通过其他渠道获得了巨大的经济效益。焦作在开展"学深杭，促创新"活动中，认真学习"免费西湖"经验，景区门票免费后成功带动了其他相关的景区商业网点经济社会经营价值的提升，政府通过公开拍卖、长久出租或承包景区商业网点的经营权等市场化手段，不仅抵补了景区门票收入的损失，还因为免费开放，使景区管理部门增收逾亿元，从而带动了相关的旅游产业链高质量发展，多次举办焦作国际太极拳交流大赛暨云台山旅游节和焦作青天河太行红叶节暨青天河全国摄影大赛，通过免费门票，改变门票经济，优化景区收入结构。

10.2　优化政府主导战略

在旅游业供给侧结构性改革中，旅游企业是推进旅游业供给侧结构性改革的中坚力量，必须降低旅游企业的相关制度交易的最低成本，这也是旅游业供给侧结构性改革的重心，必须坚持优化供给结构、提高供给效率、减少行政干预、以市场为主导力量的宗旨。但是由于政府长期以来实行旅游业主导型战略，其种种管制无形中加大了旅游企业的经营成本，如旅游规划的制定、智慧景区的建设、节庆活动的组织、等级标准的评定，其中包括旅游企业的交易成本、融资成本、税费和社会责任成本等。要提高全旅游要素生产率和旅游产品的供给质量与效率，就必须降低旅游管理制度交易成本，提升旅游企业的创新能力。焦作市引领创建国家全域旅游示范市，正是昔日资源枯竭型城市煤城凤凰涅槃般的重新创业，也是建设国际文化旅游名城的必经之路。焦作市政府指导、实施旅游产品开发提升工程，突出山水焦作地方品牌，以云台山世界地质公园为核心打造山水观光休闲度假国际旅游目的地。必须高起点、高标准和高质量地编制《焦作市全域旅游发展规划》，同步配套编制县市区旅游发展规划及旅游综合环境整治等专项规划。政府引领城市全域旅游业发展，要突出特色，发挥优势；要做美山水资源，打造南太行国际山水特色旅游目的地；要做厚文化内涵，打造独具特色的太极地域名片；要做大做强相关的旅游产业服务链条，必须加快形成多元化的旅游产业链相关体系。着重突出太极圣地特色品牌，以太极拳文化为引领打造太极拳文化体验项目的国际旅游目的地。同时积极发展现代农业观光游，开发工业特色游，培育地质科普游等新的旅游市场。具体实施都是在政府引领下，旅游企业按照市场需求进行创新和发展。焦作市莫沟村大力弘扬优秀的传统文化，用社会主义核心价值观占领农村思想主要阵地，村民聚集在一起学习传统文化、村规民约，村风民风发生显著变化。莫沟坐落在孟州市产业集聚区内，被列为整体拆迁重建村，然而政府在走访群众现场调研后，并没有对莫沟村进行整体搬迁，而是采用了就地改造，修复生态村落，同时提供公共服务。按照因地制宜、回归自然原则，根据莫沟村原有的自然空间，分上中下三层进行规划建设。上层空间修复以现有民居为主，开设茶馆、酒吧和咖啡厅等。中层的空间主要用于修复遗存的 183 孔元末明清窑洞并且发展以窑洞为主题的特色民宿旅游。下层空间则重点改造村边的汶水河水系，打造近 1000 亩汶水湖水面景观，开发游船娱乐项目，形成山岭和湖泊相依、绿树和清水相伴的田园风情景点。莫沟村敬老院、卫生所等公共设施由市财政投资建设，集体经营设施等由生态农业发展有限公司投资，即村民自办项目自己投资。为了破解建设中遇到的资金瓶颈，全体村民以现金或房屋树木等方式入股，成立了生态农业发展有限公司，发展现代农业农村观光休闲旅游业，村民按股分红，这些措施激活了村庄的内生高质量发展动力。生活现代化了，但是传统并没有丢，村里开展的"和睦家园"行动，让大家找到了心中的根。村民邀请知名专家来"和睦家园"大讲堂讲课，大家现身说法，通过学习礼仪知识汲取中国传统道德文化的精髓，将忠、悌、孝、信、礼、义、廉、耻"传统八德"牢记在心，让文化血脉得以传承，精神家园得以坚守。提升村民全域旅游服务者、参与者和受益者的主人翁精神和责任意识，加强文明旅游宣传教育，通过旅游志愿服务，汇聚发展合力，打造全民共建共享的全域旅游发展格局。目前，孟州市莫沟村的许多村民通过经营乡村宾馆、乡村农家乐和乡村茶馆等走上了致富路。在政府、社会及莫沟人的努力下，村子变得越来越美了，游客也越来越多，莫沟的社会知名度也得到大幅度提高，春节期间，万人进村，甚至到了无处插脚的地步。越来越美的村落环境让莫沟村民的小日子越过越滋润，留住乡俗乡愁是留给村民们最好的礼物。焦作市各级政府充分发挥引导作用，大力推进全域旅游建设，做到创建进机关、进企业、进社区学校，努力达到创建旅游示范市家喻户晓。新时代既要加强政府的服务意识，又要发挥政府的主导作用，深刻把握旅游业发展新趋势，紧紧抓住全域旅游战略实施的重大机遇，推动全域旅游大发展，创造焦作旅游的新辉煌。

10.3　生产好的产品和服务

围绕旅游产品转型优化升级和旅游产品的技术创新所进行的旅游业供给侧结构性改革可以全面整合区域的旅游资源和旅游环境。各类旅游资源使得旅游产品增加供给，提升旅游环境，最终实现高质量转型升级。对旅游本质、城市属性、旅游需求和消费的全新理解认识，是全域旅游的核心竞争力，要改变旅游资源的理念，树立一切生态、社会、文化和经济资源都可以成为旅游资源的意识，实现焦作市区域各种旅游资源的产业深度融合和社会广泛全面的参与。尽快建成焦作市汉文化与水文化融为一体的 5A 级文化休闲旅游区。依托基础较好的和平街、大杨树街、摩登街、壹里洋场等街区，尽快形成餐饮、购物、娱乐等多业态集聚的旅游休闲娱乐街区，依托百年焦作工业文明遗址和全省第一条铁路、第一口矿井、第一个发电厂、第一所高校等诸多"第一"资源优势，进行旅游创意规划，设计体验旅游线路，依托南水北调城区段绿化带及丰富的夜生活，培育夜经济，努力留住游客。适时增加旅游产品有效供给，以游客的旅游消费需求为最终导向，把旅游业供给侧结构性改革不断持续下去，优化旅游产品结构，依托焦作市沿黄河特有的太极拳、四大怀药等文化、自然资源，谋划建设集太极养生、食疗养生、医疗康复、温泉疗养、休闲度假等为一体的康养服务机构和度假养生基地，潜心打造黄河养生带；培育四大怀药等科技农业中药材种植旅游产品、与旅游相关的中医养生体验和怀药观赏基地，强力开发焦作地区四大怀药中医药特色旅游线路、四大怀药中医药特色旅游商品以及怀药膳食主题酒店等，尽快形成焦作市独有的四大怀药旅游养生品牌，打造中原养生地，以四大怀药养生吸引游客，积极创建全国中医药示范基地和示范项目，形成健康养生旅游示范区。发展焦作的特色餐饮产品，诸如温县羊肉夹馍、怀府驴肉、孟州浑浆凉粉、五里源松花蛋、博爱浆面条、武陟油茶、中站卤肉以及菊花茶、山药汁等，寻求有条件的街区或乡镇，实行标准化管理，形成特色餐饮街区，吸引游客前往就餐，并带来规模效益。从传统观光到深度养生休闲度假体验，是焦作市的旅游业供给侧结构性改革的核心理念。着力打造精品景区，积极开拓旅游市场，全面提升服务质量，全力打造"世界太极城、中原康养地"。云台小镇、太极小镇、保税小镇、红叶小镇、嘉应小镇、音乐小镇、陶瓷小镇、禅修小镇等都极具地方特色。大力推进乡村旅游景区建设，并且完善相关网络等基础服务配套设施，通过实施焦作市乡村旅游供给侧结构性改革，提档升级了焦作市的旅游产业和旅游产品的品质，丰富了乡村旅游的休闲观光养生旅游业态，继而涌现了一大批具有本土特色的乡村旅游品牌示范点。博爱县注重在传统旅游项目上挖掘潜力，适应新的社会需求，瞄准新时尚，整合青天河景区与月山寺景区资源，提出建设禅修小镇的计划。注重强调外来游客和当地居民的共享旅游生活空间，在全面满足外来游客需求的基础上，加强其对山水和禅修的深度体验，同时满足博爱居民对公共休闲场所的需求。树立"绿水青山就是金山银山"的理念，开展特色小村镇建设，如寨卜昌村、陈家沟村、云上院子、一斗水村、陪嫁庄村、桑坡村、于庄村、大南坡村、莫沟村、九渡村、北朱村、青天河村、十二会村、巡返村等。党的十九大后国家实施乡村振兴战略，美丽乡村建设使得乡村风貌焕然一新，重新彰显了地域特色、民俗特色、文化特色、建筑特色。在全域旅游的驱动下，焦作市乡村处处是休闲美景，不仅成为当地农民引以为傲的幸福家园，还成为外地游客的休闲度假乐园。这些乡村都有各自特色和发展基础，具备强烈的旅游吸引力。孟州依托西部岭区生态资源、豫西窑院式民居，推广老家莫沟"一修复三实现"的建设模式，建设古周城等一批乡村游项目。武陟县开工建设嘉应小镇。修武县利用秀美的自然风光和保存完好的石头民居，在一斗水村及周边村落开发民宿村落，并且新近引进开发了云台古镇项目，丰富了人们的旅游体验与快乐休闲内容。

科学技术创新中，"互联网+"把互联网技术应用于更多的旅游业相关消费场景，如景区门票和住宿餐饮的预订方式、支付方式，虚拟现实等技术也得到应用。互联网技术的诞生使得旅游业的发展有了更丰富的体验、更多层次的融合、更为广泛的领域合作。把旅游产业和其他产业跨界融合，能够使旅游者的最新互联网旅游体验得到极大的满足和深化。焦作市的桑坡村发展皮毛产业，共有一百多家皮毛厂及制鞋厂，其中拥有自营进出口权的企业有 50 多家，每年加工羊皮 2500 多万张，享有"中国毛皮之都"和"中原淘宝第一村"的美誉。桑坡村的产品通过互联网、电商走向世界，并广受欢迎。近年来，焦作市桑坡村的皮毛电商特色小镇还与阿里巴巴企业集团建立了长期合作的关系。桑坡村的电商网店多达 400 家，OTO 展示销售门店多达 300 家，微商从业人数多达 5000 人。桑坡村依托毛皮加工产业优势和得天独厚的自然环境与区域位置，正在着力建设"皮艺小镇"，打造出一个高端的集产、购、游、吃、娱、乐为一体的现代化特色小镇。智慧旅游景区利用"互联网+"技术,通过旅游大数据中心和全市旅游指挥调度中心实现游客流量实时监控发布,建成旅游信息公共监管服务与咨询营销平台,所有涉及旅游的场所实现 Wi-Fi、通信信号、视频监控全覆盖,具备线上导览、在线预订和在线投诉等旅游服务功能。

目前,焦作正在修建沿太行山旅游快速通道,把沿山 3 个 5A 级、2 个 4A 级(其中焦作市影视城见图 10-1)以及青龙峡、峰林峡、净影寺等景区串连起来;修建沿黄河旅游快速通道,把沿河的嘉应观、妙乐寺、陈家沟、小麦博物馆、韩园、莫沟等景区串连起来;依托黄河北堤、南水北调渠和大沙河建设旅游绿道,用绿色廊道把 6 个县(市)城、特色小镇、美丽乡村、景区、度假区连接起来形成便捷、舒适、快慢自如的旅游通道。新时代已经来临,相信焦作创建国家全域旅游市的成果一定会让市民共享绿色福利,感受美好生活。

图 10-1 河南省焦作市影视城

全域旅游主要是指旅游产业的全景化和全覆盖,是资源优化、空间有序、产品丰富和产业发达的科学的系统旅游,它离不开全社会的广泛参与和全民的参与,可以全面推动旅游相关的产业建设和经济提升。区域整体实现设施及要素功能在空间上的合理布局和优化配置,实现大景小景、内景外景、城内之景城外之景的高度融合,实现整体景区内外一体化,做到旅游示范市内人人是旅游形象,旅游示范市内处处是旅游环境。

　　通过对焦作市全域旅游示范市建设的研究，得出改革的优化途径：一是优化景区收入结构；二是优化政府主导战略；三是生产好的产品和服务。河南省焦作市需要大力加快旅游产业创新和加强旅游产品的品牌营销，并以建设焦作市全域旅游示范市为抓手加强提档升级，凝聚创建合力，密切协作，牢固树立"一盘棋"意识，形成全民参与和齐抓共管的良好工作局面，着力培育经济新的增长点，再度创造城市发展高峰。

第11章

环境伦理视阈下的云台山
景区开发研究

11.1 云台山旅游资源现状

　　焦作市云台山世界地质公园的成立具有划时代的重要意义，主要表现在地球科学和旅游业发展方面。焦作市对珍贵稀有的地质遗迹进行合理的开发和利用，在发展旅游的同时普及相应的地质科学知识，提高旅游业发展中的科学知识含量。云台山坐落在河南省焦作市北部，具体位于修武县境内。云台山世界地质公园北部和山西省相邻，西部与焦作市郊区毗连，东接辉县市，是一个集美学价值与科学价值于一体的综合型地质公园，总面积556平方米，其中，核心景区面积323平方米，景区内以峡谷地貌和水体景观为主，2004年被联合国教科文组织（UNESCO）列入首批世界地质公园。目前，伴随着云台山景区旅游资源的开发及景区内游客的增多，出现了垃圾污染、污水排放及游客满意度降低等问题。

11.2 环境伦理理论与云台山资源开发的契合性

　　海德格尔在20世纪提出环境伦理学，他是环境伦理学思想的先驱代表。环境伦理理论内容主要是提出拯救地球的核心主张，涵盖对人类自我中心主义的审视批判，在生态科学丰富成果的基础之上以哲学的眼光来探讨环境伦理理论及人类的环境伦理问题。1949年，著名学者奥尔多·利奥波德提出大地伦理学说，标志着环境理论学的产生。雷彻

尔·卡逊于 1962 年出版的《寂静的春天》被看作环境理论学提出之后
的奠基之作，这使得国外的环境伦理理论得到了更进一步的发展。国内
外学者开始从伦理学的视角思考经济发展与生态保护两者之间的关系，
从人与人之间的关系扩展到人与自然之间道德伦理共同体的范畴，这就
使过去仅涉及人和社会的有限伦理持续扩展到自然界一切存在物的无限
伦理，人类开始意识到环境危机和生态危机实际上是一种环境伦理价值
危机，进而要求人类以新的价值观念来重新审视人与自然的相互关系，
要求人类在经济社会发展的同时，从思想和行动上关心人与自然的共同
利益。

11.2.1　云台山资源的环境伦理可持续开发理论

传统的资源开发模式的唯一发展价值尺度是资源开发带来的经济利
益，因此，地球上的所有资源都受到了毫无限度的开发，但不能以失去
良好的环境为代价来换取经济的发展已经成为环境伦理学的主要观点。
首先地球上所有资源的开发利用都要讲求资源开发的持续性，其次是资
源开发利用的系统性，我们人类社会与自然环境全都包含在地球整体的
资源大系统中，片面追求经济利益会导致环境的恶化，环境伦理学追求
社会进步与自然环境可持续发展的系统价值。在云台山旅游资源的开发
中，可以环境伦理为理论指导，实现可持续的发展和避免重犯之前先污
染再治理的错误。云台山在进行资源系统性开发利用时，不能把经济利
益放在首位，而应更加注重对云台山当地的环境和生物物种的保护培
育，总结出一种可持续资源发展模式。

11.2.2　环境伦理可为实现人类与云台山自然环境和谐共存提供思想引导

环境伦理可为实现人类与自然和谐共存提供思想引导。人类依赖于
自然界，同时也是其中的一员，对自然资源的利用是为了让人类社会更

好地生存与发展。资源开发利用的初期,战胜征服自然的观念占据了人类思想的主导地位,造成了人与自然对立和对自然环境的严重破坏。故此要从理念思想上来引导人类关爱环境,以尊重自然的环境伦理观念为指导,将环境中所有动植物都纳入人类的道德关怀之中。

11.3　环境伦理视域下的云台山资源开发对策建议

11.3.1　尊重自然价值

对自然创造性的实现而言,大自然所有创造物都是有价值的。人类与环境关系的不协调导致环境问题的出现。人类和其他生物一样,具有一定的自组织能力,谋求物种的生存发展延续,所有自然界存在物都应该受到尊重,要摒弃旧有的人类中心主义思想,在资源开发利用中不能为了开发资源而破坏环境和动植物栖息地。在资源开发中要改变只以人类自我利益为中心的价值观,不可忽视自然环境及其包括的动植物等资源要素。

11.3.2　注重代际公平

环境伦理可为云台山旅游资源的公平开发提供指导原则,在现有的资源开发中就已经产生了诸多关于公平性的问题,居民和开发者、当代人和后代人等之间是平等的,涉及众多方面的公平问题和物种之间的公平问题。这些问题如果不能得到较好的处理,就会造成不和谐,进而导致生态环境的恶化与自然资源的破坏,最终恶化人与自然之间的关系。人类代内代际平等、自然价值环境公正、人类与非人类存在物的平等是环境伦理理论所提倡的。注重代际公平是可持续发展理念的核心内容之一,如果人类只注重当代物质经济的发展,只想满足当代人无穷的物质欲,只注重短期经济效益,就会造成环境污染和浪费,人口危机等诸多严重问题也会接踵而至。既要满足社会中当代人的需求，也要满足下一代人以及子孙后代需求的代际平等是人类生存与发展的保障，当然也是当代人必须要承担的义务。联合国教科文组织 1997 年通过了《当前世代对未来世代责任宣言》：当代人有责任把这样一个地球留给后代子孙，暂时栖息在地球上的每一代人都应细心而合理地开发利用自然资源，并确保人类对生态系统的改变不会危及地球上的有机生命，确保各个领域的科技进步不伤害地球上的有机生命。自然资源的有限性约束人类不能在一代人或两代人的时间里将资源开发殆尽。不能仅仅为了当代人的欲望就在资源开发利用方面竭泽而渔，不加限制地利用现有资源。环境危机的实质是文化和价值问题，而非简单的技术和经济问题，这是环境伦理明确指出的理念。

2020 年，携程网官方发布全国首个智慧景区友好指数，统计分析显示：焦作市云台山景区以 87 的友好指数与北京故宫景区并列成为全国智慧景区友好指数第一名。友好指数具体表现在购票有无障碍、入园便捷性、指引性、售后保障及游客的评价等方面，它们直接决定了友好指数的高低。云台山智慧景区成功获得智慧景区建设大奖，2018 年被评为三钻级智慧景区，2019 年被评为五钻级智慧景区并获中国旅游大奖。作为优选智慧景区，从进入智能停车场开始，到刷脸入园，再到智能如厕、一键智慧游和一键救援都极具现代智慧景区特点，云台山景区联合百度、高德、微信、支付宝让旅游者提前获取线上服务，全方位掌握景区信息。现代大数据时代，环境伦理在云台山开发过程中还有广阔的发展前景。

第 12 章

陈家沟太极圣地旅居康养产业发展

12.1　太极拳发展现状

　　被称为世界第一健康品牌的太极拳，是中华文明的瑰宝，深受全中国乃至全世界人民的推崇和喜爱。它可以按照学拳者不同年龄、性别、体力条件和不同的要求适当调整运动量，既适用于疗病保健又适用于体力较好者用来增强体质。它既是武术，又是文化；既是健身术，又是防身术；既有养生健身的价值，又有艺术欣赏之功能。太极拳的发源地是河南省焦作温县陈家沟，地处河南西北部，地理位置优越，北部有太行山，南部有黄河，这里有很多文化遗址，比如龙山文化遗址，还是很多名人如韩愈、许衡、李商隐、朱载堉和竹林七贤等历史上负有盛名的文人故里，临近云台山、神农山、青天河等5A级景区。太极圣地陈家沟每年吸引着一批又一批中外游客前来观光。在全球新冠肺炎疫情肆虐之时，太极拳在康复过程中发挥了重要作用。中国工程院钟南山院士领导的研究团队得出重要结论：太极拳可以改善人体微循环，促进人体心肺活力、改善慢性阻塞性肺疾病患者的肺部功能并有助于快速康复。中国国家卫生健康委员会的高级别专家组组长在新冠肺炎治疗的康复阶段也强调了太极拳的作用。太极拳与人体健康之间的科学联系使得太极拳在全民健身运动中发挥了重要的作用，太极拳成为不可或缺的黄河流域文化元素。温县陈家沟的武术运动氛围使得国内外爱好者蜂拥而至，在陈家沟，武术爱好者所感受到的武术文化和养生圣地氛围都让人向往。利用大河网、风光网视等媒体平台开展以健康养生为主题的文化活动，让黄河流域传统文化太极拳绽放新的活力。

陈家沟可依托各种自然生态资源和舒适的气候条件，以及其特有的太极拳文化资源、历史遗迹和非物质文化遗产，开发有地方文化特色的旅游康养项目，打造独特而丰富的旅居康养产品，满足人们参与文化体验、修身养性、陶冶情操的康养需求，吸引人们到景色秀丽、远离城市喧嚣的陈家沟进行旅居康养。对于陈家沟而言，大力发展当地旅居康养产业，无异于找到了一条发展经济的捷径。对陈家沟当前的环境现状进行分析，正确理解旅居养老产业的内涵价值，指出目前存在的问题以及提出今后的开发策略，对陈家沟日后的旅居康养产业发展很重要。

12.2　太极拳旅居康养产业研究

陈家沟太极圣地旅居康养产业发展研究主要采取了问卷调查、实地访谈、文献研究、大数据分析的方法。

12.2.1　问卷调查

设计问卷并进行调查，是科学研究中常用的方法，通过这种方法可以收集想要获得的资料。调查人员可以通过问卷，设计多方面、多角度、多层次的问题进行具体而细致的测问，获得数据后可以对想要获知的资料进行更加精准的测定，并且用相关统计学软件进行过程分析，包括定量和定性的分析，及时通过对调查问卷的反馈获得第一手资料。此研究需要对不同地区不同年龄阶段（偏向老龄化人口）的人群做调查，调查其对陈家沟文化优势特点及对太极拳文化的传播程度的了解、对发展旅居康养产业的态度等。

12.2.2　实地访谈

实地访谈即到陈家沟和周边村落访谈居住民众及外来游客，了解最新的信息，更具有针对性，便于进行定性定量分析，把握现象的规律和走势，和问卷调查结果做对比，并分析其中的差异。实地考察适宜开发旅居的场所，深入探究四大怀药，挖掘潜在的旅游资源。

12.2.3　文献研究

文献记载了过去的经验和理论，具有很高的科学价值。通过查阅文献，可以超越时空的限制，获得相应的知识和理论方法。通过这种方式可以间接地非介入性地调查搜集、鉴别整理人口老龄化阶段发展下人们对旅居的态度，方便、自由、安全，且效率高。

12.2.4　大数据分析

大数据分析是指对规模巨大的数据进行分析。随着网络的发展，我们已经进入一个信息膨胀的时代，面对大量的信息，要准确高效地提取有效信息并进行分析，科学、真实地反映陈家沟当地旅游现状。

12.3　太极拳旅居康养产业分析

陈家沟位于温县城东，距离河南省焦作市区 35 公里。景区主要分为三个部分：陈氏太极拳文化园、陈家沟水上乐园和陈家沟拓展营。陈家沟景区主要街道——步行街西部人流量较大，其中还有身着太极服的国内外游客，街道两侧店铺均为白墙黑瓦，店铺多售卖旅游纪念品和太极服，还有太极医疗养生馆和景区小饭馆、理发店、中国移动、小超市等，包含吃住行方方面面，但大多数店铺处于关闭状态。街道上游客少，地面垃圾多，街道较脏，垃圾桶无人清理。街道旁的饭馆工作人员将未经处理的残渣直接倒入下水道。村镇的壁画上展示着太极拳各拳种的来源、发展状况，以及一些太极讲师的墓志铭、肖像，看不到打太极的人。景区只有太极祖祠和杨露禅练拳点两处景点，景点游客少，未见讲解员，景点一至两个小时就能逛完。陈家沟水上乐园的占地面积大约23000平方米，主要的器材设施有水上游园的游船、水上闯关游戏的场地设施器材以及一些用作开展室内和室外亲子游戏的泳池等。陈家沟内设拓展营，营内的场地设施以锻炼参与者的集中力、信任力、合作精神、团队意识等为主。场地设施主要有背摔高台、独木桥和攀岩墙等，这些锻炼设施可以增强锻炼者的体质和提升他们的精神面貌。文化园的游客平均年龄比水上乐园和拓展营游客的年龄大，文化园更受老年人的青睐。

（1）以旅行目的为影响因素的问卷调查分析。

自变量：旅行目的。

因变量：居住地、旅行路线、月收入、对当地的评价、是否有来此地旅居的计划。

分析结果表明：不同目的的游客在居住地、旅行路线、月收入、对当地的评价以及是否会来旅居的分布差异上有统计学意义。为学打太极而来的游客居住的时间更长且对景区评价更高，而为游览和参观四大怀药而来的游客往往在此地只待一天甚至几小时且对景区评价较低。外国、外省的游客中，目的是学打太极的占比较高；省内其他市区的游客中，以游览观光为目的的占比较高。以学打太极为目的的游客中，去焦作市的其他景区和邻近城市的占比较高，且对以后来此地旅居很感兴趣。

（2）以居住地为影响因素的问卷调查分析。

自变量：居住地。

因变量：旅行时间、旅行目的地、月收入。

分析结果表明：不同居住地的游客在月收入、旅行时间、旅行目的地之间的分布差异有统计学上的意义。居住地距陈家沟越远的游客月收入越高，来此地的国外、省外游客收入较高，多数会去云台山等焦作其他景区且停留时间长，省内游客收入较低，多数会只去陈家沟且只停留一天。

（3）线下走访调查部分问题提取分析。

①采访问题：对此地的太极拳发展有什么看法？退休后会来此地住段时间，打打太极疗养身体吗？

回答：以前都没听说过陈家沟太极拳，来这里是报了个旅游团，来看铁棍山药的，一共 300 多个人，到这街上转一圈也没啥特色，以为有人会教打太极，没见几个人穿着太极服，也没见人打，更别提教了，没打太极的氛围。退休这个以后看情况吧，看它发展得怎么样，现在的产品太单一，只有一个太极拳不够吸引人。

（采访对象：游客李女士，河南省平顶山市鲁山县，退休职工，偶尔打太极）

②采访问题：来这里学打太极的都是什么目的？有人来这里旅居养老吗？

回答：他们有的是为了强身健体，有的是为了以后回去开拳馆，还有一部分是从小就被送来练打太极。有人来这里旅居养老，我们拳馆和郑州的几家旅行社有合作，每年都会有几批老年人来这里住一周左右，学打太极，疗养身体。这里包吃包住包教学是一个月 4800 元，住的和旅馆的标间一样，和旅行社合作的收费会低一点。村子里一些差不多的拳馆都会和这种旅行社合作，旅行社带来旅居康养的人。但是如今各个拳馆独自管理，拳师良莠不齐，没有标准的培养体系，外来游客很难挑选到好拳师。

（采访对象：陈家沟家庭式太极拳馆，陈师傅）

③采访问题：陈家沟太极拳开发了之后，对居民的生活有哪些影响？

回答：现在是国家重点扶贫村庄，以前的村民基本都靠种地为生，现在政府把地征走修建陈家沟景区，很多人都来这边卖点旅游纪念品，有的开个家庭旅馆。我家有两套房子，但是没做家庭旅馆，我们村和旁边的村子要搬迁了，陈家沟景区要扩建，我平时就来这边摆个摊，卖点跟太极拳有关的小东西，地也在种，铁棍山药也有种的，不是家家都种，也不是年年都种，得看地咋样，种一年就不能种了，得换别的种。景区发展以后最不方便的是现在要搞步行街，回趟家，车都开不进来，得办一个村民的牌照，不是当地村民牌照车开进来要罚款的，亲戚朋友的车都开不进来，得从村后绕一大圈，太麻烦了。

（采访对象：陈家沟当地居民陈先生，景区内个体商户）

④采访问题：对于现在景区的发展，觉得满意吗？

回答：政府把街道都修整了，还弄了个步行街，但是让我们这些村民说，花大价钱修石板路，不如用柏油大马路，路也宽了，也能把钱省下来去弄点景点，现在来的游客都只来转一圈，看一下祖祠和杨露禅学拳点就走了，饭都不在这儿吃，多弄点其他景点，让游客在这里多逛逛，我们这些东西也有人买了。

（采访对象：陈家沟当地居民刘女士，景区内小吃摊摊主）

⑤采访问题：现在的房间入住率怎么样，怎么收费？

回答：差不多能住一半的房间，这两年来这里住的人多，淡季也有人住，这两天是太极拳四大金刚之一陈小旺师傅回来开班教学，所以很多人是慕名来的。赶上有太极拳比赛，来住的人也可多了，两年一度的焦作太极拳交流大会那段时间，别说陈家沟了，就连县里边的宾馆也都是满的，根本住不下那么多人。平时来租房的学生多一点，就是在太极拳学校上课的学生不想住学校里边，就出来租房住，寒暑假就主要是外地来学打太极的人租了，各个年龄段的人都有，老年人也不少。好一点的房间有独立卫浴和空调，一天80块钱，差一点的房间就只有一个床，一天40块钱。按月租的话是一个月1500块钱，寒暑假再多加一个300块钱的电费，收1800块钱。景区现在的家庭旅馆有大有小，很多没有营业执照，不正规。

（采访对象：陈家沟当地家庭旅馆老板陈女士）

⑥采访问题：觉得陈家沟这个地方怎么样？

回答：陈家沟这个地方很好，就是交通不太方便，没有火车，没有公交车，我每年都会来这里一个月，来了七年了，住在陈家沟的王庭大酒店，今年已经住了半个月了，酒店卫生不好，没有人打扫房间，街道上也很脏。我很喜欢打太极，也很喜欢陈家沟。

（采访对象：日本游客木间塚佑二）

⑦采访问题：觉得陈家沟发展旅居康养产业有什么优势和劣势？

回答：优势就在于它是太极发源地，太极拳氛围比较浓厚，历史比较悠久，国家政策也比较支持，当地的物价也很低，其他景区的东西都卖得很贵，这里的还是普通的价格，甚至比我们家里的还要便宜。劣势的话，一个就是交通，这里好远的，地理位置本来就偏僻，再加上交通又不太好，我得先从福建去郑州，再从郑州到焦作，然后去旅游汽车站坐车到陈家沟，太麻烦了。还有就是居民素质不太高，环境卫生不是很好，他们的卫生意识不是很强。

（采访对象：福建游客王先生）

⑧采访问题：退休之后愿意来陈家沟住一段时间，学打太极，旅居康养吗？

回答1：非常愿意，不只是退休以后，现在只要我有时间就会来这里住一段时间。很多人认为太极拳就是老年人打的，其实不是，不同年龄可以练习不同的拳法，不只是慢悠悠的养生，它的直摆勾拳、鞭蹬踹腿实战性也是很强的，不只是年老之后可以打，年轻人也一样适合打太极。

（采访对象1：广州游客周先生，企业员工）

回答2：愿意，我现在就在陈家沟前街租房住，我不太会打太极，我来这里主要目的也不是学打太极，就是在这里住一段时间，感受一下乡村的闲适自在，这里的物价也很低，没事儿出来转转，看看别人打太极，想打了比划两下，不想打就四处走走，乐得自在。

（采访对象 2：上海游客胡先生，作家）

结论：陈家沟作为太极拳发源地，主要吸引爱好太极的游客前来打太极，并在此地旅居康养。此外，陈家沟闲适的生活氛围和较低的物价水平也吸引着一些不打太极的游客前来旅居。前来旅居的游客多居住在家庭式的拳馆或家庭旅馆里。此地的旅居康养产业已有一定的基础，但仍存在许多问题，如拳馆拳师水平良莠不齐，家庭式旅馆行业管理不严，存在没有营业执照、服务不到位、卫生环境不达标、有极大安全隐患等问题，景点开发不深入，不能满足游客对精神、文化、休闲、娱乐、生活的需求。

12.4　大数据网络爬虫分析

通过对携程网、去哪儿网、途牛网中陈家沟景区的评价进行分析与对评价进行词频分析，发现去陈家沟的游客较少，褒贬不一。评价低的游客大多觉得体验不足，开发无新意，旅游景点同质化，评价高的游客大多切身体验了太极。且评论反映出陈家沟在发展旅游业时的几大问题：景点装饰同质化，景区环境卫生不达标，景点吸引力不高，未给游客足够的体验感，等等。多数游客表示对未来陈家沟的发展持积极态度，相信陈家沟会越发展越好，陈家沟的旅居康养产业有广阔的发展前景。

12.5　陈家沟旅居康养产业发展的 SWOT 分析

通过 SWOT 分析研究对象的各种优势劣势以及外部的机遇和威胁等资料，经过研究分析后得出一定的结论，通常用以对相关企业进行全面深入的研究分析以及获得竞争优势的定位。当前这种分析方法已经被越来越广泛地应用于各种领域。本节通过对陈家沟发展旅居康养产业的优势劣势和机遇挑战进行 SWOT 分析，得出相关产业发展建议。

12.5.1　优势分析

12.5.1.1　产业特色鲜明

太极拳发源地是河南省焦作市温县的陈家沟，陈氏太极拳声名远播，吸引众多国家和地区的人们慕名前来参观学习。1992 年，焦作就开始举办国际太极拳年会，以太极拳为连接点架起了中华太极文化对外交流的桥梁。中国·焦作国际太极拳交流大赛规格越来越高，影响力越来越大，"太极圣地·山水焦作"的品牌形象深入人心。举办高规格比赛的直接作用是扩大了知名度，使爱好太极拳的游客集聚于此，使旅居康养产业特色鲜明。

12.5.1.2　环境宜居

作为享誉世界的太极拳发源地，陈家沟不仅人文厚重，且气候四季分明。陈家沟村位于温县城东 5 公里处清风岭中段，南临黄河，与伏羲画卦台、河洛汇流处隔河相望，村内有南水北调中渠、老蟒河、新蟒河，毗邻黄河滩区，水系发达，生态环境优美，无工业污染。获得"国家 AAAA 级旅游景区"、全国第三批中国传统村落、首届全国乡村旅游模范村、全国第一批特色小镇、"美丽河南，最美乡村"等多项殊荣，除此之外，还有有养生奇效的"四大怀药"。药物学经典《神农本草经》中进一步发现了四大怀药的优秀原始本性，把当地所产的山药、地黄、牛膝、菊花都列为上品。陈家沟适合久居，在此居住可感受太极文化，体验美好的乡村风土人情，休闲健身，旅居康养。

12.5.1.3　传统文化彰显

陈家沟太极拳 2006 年成功入选国家非遗名录。陈氏太极拳在国内外享有盛名，在国外更是被称为"贵族文化"。陈氏太极拳是中华武苑的一枝奇葩，它荟萃中华传统武术、医学、哲学、兵学、美学、运动学等诸多优秀文化精华，集技击、健身和养生功能于一体，是世界第一传统文化健身运动，是君子之道中行善、不比、中庸、有礼的集合体，是中国君子之道的最高凝结点，在刚柔共济中诠释了生存的哲学。此外，陈家沟附近有新石器文化遗址、三家庄赵氏孤儿故事发生地、慈胜寺、司马懿故里安乐寨等景点，可以以太极拳发源地文化、两晋历史文化、姓氏文化、怀药文化、儒家文化、历史文物等文化旅游资源彰显传统文化，吸引旅居康养的游客。

12.5.1.4 前期发展投入多

投资 20 亿元的太极拳文化国际交流中心项目和投资 30 亿元的太极文化生态园项目是河南省焦作市陈家沟村先后引进实施的大型项目；还实施了投资 1.5 亿元的"陈家沟老村改造"项目，完成了民居立面改造、雨污管网、污水处理厂、石板路铺设、印象陈家沟馆、强弱电入地等工程；投资 2 亿元的东沟改造提升和杨露禅学拳处复建项目取得初步成效；投资 1200 万元的饮水工程已整修渠系 10 余公里，整体提升了陈家沟村基础设施建设和旅游公共服务水平。

12.5.2 劣势分析

12.5.2.1 地理位置偏僻，交通不便

老龄人口对生活品质的追求有所提高，进一步带来了他们对交通出行服务质量要求的提高。太极拳的受众主要是高龄人群和高收入人群，高龄人群出行受限，远距离长时间出行可能会导致身体不适。高收入人群主要分布在我国的东南部，距陈家沟较远，交通不便可能会造成旅居康养时遇到突发情况不能及时和家人联系。

12.5.2.2 产业实力较弱

在太极拳教育培训方面，由于武校武馆规模较小、管理经营不善等，其效益较差；度假休闲方面，其基本的服务设施及旅游要素还不完

整，在众多文化旅游市场中无法形成独有的市场竞争力，对旅游消费者的吸引力不够；健康养生方面，以铁棍山药为主的四大怀药仅仅停留在售卖层面，并没有深入开发，而且产品附加值较低，目前的发展缺乏具体的产业发展规划；住宿方面，陈家沟内旅馆多为家庭式旅馆，很多没有营业许可证，规模小，不规范，卫生条件差，存在安全隐患。总体来说，旅居康养未形成体系，家庭拳馆各自为政，未形成统一的行业标准。

12.5.3　机遇分析

12.5.3.1　政策机遇

太极拳具有强大的国际影响力，充分利用这种文化资源优势，使之成为焦作发展旅游业的亮点，打造"一山一拳"的黄金品牌，在做大做强太极拳文化旅游的同时带动相关产业发展，反过来，也为发展太极拳旅居康养产业提供了机遇。

12.5.3.2　市场机遇

我国已正式步入老龄化社会，且富裕家庭占比逐步提升，消费升级并推动休闲养老旅游市场发展，激发城镇居民旅居养老意愿。

12.5.4　危机分析

12.5.4.1　资金匮乏

陈家沟要发展旅居康养产业仅靠政府的资金扶持是远远不够的，可以通过与媒体、相关企业等进行接洽，例如和影视导演协商拍太极拳的相关影视，融资的同时又达到了宣传目的。

12.5.4.2　太极拳产业竞争

现在很多省市也会举办各种形式的太极文化活动，主打太极拳文化品牌的文化传承与相关产业发展的竞争局面已经形成，河北省邯郸市在中央电视台旅游广告中打出太极圣地——"太极城"的广告，还有福建邵武投资 5000 万元建造的三丰文化教育太极拳培训中心，这些都使得太极拳产业的竞争日益激烈。

12.6 陈家沟旅居康养产业发展的对策

12.6.1 完善智慧基础设施合理开发空间

应跟随数字时代潮流，利用大数据启动智慧景区建设，从行程到住宿，从门票到游乐餐饮，都能更好地让旅游者体验现代化的便捷，使其成为发展旅居康养产业的硬实力。当地政府要加强人本理念意识的构建，可以把当地多余、闲置的废弃土地合理有效地开发成公共体育活动场所，拓展旅居康养游客的活动区间，做好公共产品和公共服务设施的工作，加大基础设施建设力度。

12.6.2 重视太极拳从业人员和当地服务人员的培养

在太极拳实际发展中，太极拳从业教练起着至关重要的作用，因此，太极拳教练的师德师风、专业素养和学历要求等都必须合格甚至优秀，要提高太极拳旅居康养服务者的素质，打造高标准的环境和服务质量，提升人性化服务水平。同时规范太极拳动作及其名称、套路及其名称、比赛套路、规程及其软件和各语种教材，有利于旅居康养产业更加规范、科学，使前来旅居的国内外游客学习到更加标准、专业的太极拳，获取更专业的太极拳知识。

12.6.3 深入开发景点

开发陈家沟旅居康养产业，要发展养生度假休闲农业、医疗服务等多功能旅游产业。以太极拳发源地文化、姓氏文化、两晋历史文化、怀药文化和历史文物等文化旅游资源吸引相关旅居康养的游客，以新石器文化遗址、慈胜寺、三家庄赵氏孤儿故事发生地和司马懿故里安乐寨等发展历史文化特色旅游，使其与太极景区相互补充发展。

12.6.4　产品多元化

开发多种旅游产品，发展茶业，让游客有机会在古色古香的陈家沟体验练拳、品茶、问道。以太极拳旅居康养产业带动资源整合，先将旅居康养产业发展好，其他产业便可以冠以太极之美誉，达到产业之间的融合，构建集多种元素于一体的产业链条。围绕特色产业开发服装服饰、用品用具、纪念产品、演艺活动等产业，实现文化优势向经济优势的转变，使陈家沟的产业内容多元化，产业发展形成集聚凝合之力，在发展旅居康养产业的同时带动其他产业的发展。

12.6.5　找准对象，开发旅居康养模式

太极拳的体验过程可以分为长期、中期和短期。体验周期相对较长的长期习练适合有基础且迫切需要锻炼的群体，这些人可以长期旅居在陈家沟村，当然也可以是在一定周期内短期旅居在陈家沟村。中期旅居模式介于长期和短期之间，适合有条件的爱好者选择适合自己的时间段自由地进行习练。假期自己或者家人一起进行短期旅居的是短期体验群体，也可以是慕名而来短期体验太极拳生活的武术爱好者，或者是在焦作地区的短期旅游者，在短期旅游过程中感受太极拳文化的魅力。景区可以开办各类太极拳学校，假期进行住宿制的学员培训，或采取国外爱好者零星组团学习等形式。针对不同群体的不同需求，找准对象，开发适合的旅居康养计划。

12.6.6　运用多种媒体宣传

多年来受历史和宣传等因素影响，对太极拳文化的规模化传承还处

于浅层次理解认识阶段，传承者和习练者大多处于知其好，不知其为何好的状态。要根据数字时代特点，利用互联网和云平台等大数据资料，对太极拳相关产品进行推广和宣传，从而提升旅游者的认可度和满意度；同时与保险公司合作，开发陈家沟太极旅居养老保险项目，保险公司与陈家沟当地旅居康养机构合作，既增大了旅居康养的人流，又提高了宣传力。

12.7　太极拳康养发展展望

通过多种研究方法，比如文献分析法和实地问卷调查法等，对所获调查数据结果进行了分析研究，了解了不同目的、不同居住地的游客的旅游时间计划、旅游路线设置、重游率、收入消费水平等，弄清了陈家沟发展旅居康养产业的目标人群，即来自一线城市的爱好打太极的高收入人群。通过实地访谈，找到了陈家沟太极拳发展中存在的主要问题：文化氛围不足、以四大怀药为主的产品开发不充分、基础设施不健全、缺乏专业人才。利用陈家沟的文化资源 SWOT 分析，得出陈家沟发展高端旅居康养产业的资源优劣势和机遇挑战，最终确定陈家沟发展太极拳文化康养旅居产业的方式和路径，包括完善配套基础设施，重视人才培养，积极开发周围景点，开发多元化产品，找准对象开发旅居康养产业，运用多种媒体宣传等。推动陈家沟建设旅居康养产业链，联合焦作地区打造河南一流、辐射全国的康养、文旅品牌。作为太极拳发源地的陈家沟，拥有怀药文化等文化旅游资源，可利用多种文化旅游资源构建高端文化康养旅居金牌商品，提高太极拳文化康养的国际影响力，将陈家沟打造成为中原地区银发一族观光体验、休闲度假、养生养老的后花园，打造河南焦作康养旅游新亮点、增添乡村旅游新名片、实现旅游经济新增长。

第13章

黄河流域传统文化旅游资源创新发展

13.1 传统文化旅游

13.1.1 传统文化旅游定义

提升城市文化品位在文化旅游发展中极其重要，景区的文化个性内涵可以通过旅游载体表达，这样既可以丰富旅游者的切身体验又能促进旅游者的旅游消费，从而带动地方经济结构调整和高质量发展。

文化旅游以旅游文化的地域差异为特点，以文化的相互融合为结果。文化旅游资源的民族性、神秘性和多样性等特征都对旅游者具有持久且强烈的吸引力，旅游者通过对它们的探索，感知文化资源的不同魅力。不同国家和地区的文化项目、名人遗址或者各种文化活动都可以吸引其他国家和地区的旅游者参与其中，感受文化乐趣，满足精神享受。旅游产业本身是关联度非常高的产业，尤其是与运输物流业、餐饮业、住宿业、零售业等产业高度相关，在此基础上，文化旅游产业还和"互联网+"产业紧密相连，成为引导时代的风向标。

13.1.2 传统文化核心价值

创意是文化旅游核心价值。一般旅游寻找资源差异和特色，焦点是资源，较少考虑市场需求竞争关系，但是文化旅游在某种意义上摆脱了资源的束缚，能够综合资源、环境、市场等各方面因素进行创造，这是文化旅游的创意之处，也是经济发展创新驱动力因素。随着社会的发展，文化创意产业在世界各地兴起，包括建筑设计、影视演艺、民族风情、文化节庆、新闻出版等。文化旅游的核心是创意，找到资源的特色进行创造性的发挥就形成了创意，没有创意的文化旅游就没有吸引力，无法为文化旅游的发展提供持续驱动力。由政府出台政策推动创意产业发展在发达国家比如美国和日本等较为典型。哪些文化资源可开发成旅游资源要以旅游吸引力为标准。在数字时代，大数据具有相当优势，对各种黄河流域文化资源进行分类整合，利用影视作品和书籍报刊收录宣传黄河流域文化，构建黄河流域文化旅游资源的资料数据库，然后再对旅游价值进行评估。中国是文化大国，尤其是黄河流域，具有很多地方文化素材，资源丰富且历史悠久，而如赤壁之战等古遗址一般具有小、散、虚的弱点，在开发的时候更加需要好的创意。

根植于黄河流域的黄河文化是中华文明中最具代表性的主体文化，黄河是中华民族的母亲河，黄河流域是中华民族的发祥地，孕育了中华民族五千年的血脉，也是我国传统文化的诞生地。北起长城，南至秦岭，西抵青海湖，东至黄海，产生发展于黄河流域的地域性文化即黄河文化，其存在的空间包括黄河流域的全部地区，即青海、四川、甘肃、宁夏、山西、陕西、河南、河北、山东九省区。黄河跨越青藏高原、黄土高原、河套地区、中下游平原和滨海地区，流经地区的广阔和地理环境的复杂、多样的自然环境和人文环境使得黄河文化的内容极其丰富。中华文明与印度文明、埃及文明、两河流域文明并称为世界四大文明。历史上，黄河文明代表了中华文明的最早源头，代表了中华文明的最高水平，代表了中华文明的最大成就。所以，黄河文明是中华文明的典型代表，是东亚文明的核心。习近平总书记明确指出黄河文化是中华文明的重要组成部分，是中华民族的根和魂，在中国乃至世界文明史上都留下了浓墨重彩的印记，是增强中华民族文化自信的重要载体。黄河文化发展大致经历三个阶段：第一阶段是先秦至秦汉时期，是主体文化的形成时期，上游的马家窑文化、中游的仰韶文化、下游的大汶口文化及龙山文化异彩纷呈。第二阶段是魏晋南北朝至隋唐时期。以黄河文化为核心，对南方江淮流域文化和珠江流域文化产生影响。第三阶段是宋元明清时期，是黄河文化和其他地域性文化融合时期。在民族文化融合中它起主导作用，但逐渐丧失独立性，最终融入中华文明体系。应以开放的眼光，把黄河文化上升到中国的主体文化、国家文化、主流文化，黄河作为我们国家和民族的重要象征和精神图腾，时刻牵动着海内外所有中华儿女的心，每到中华民族的关键历史节点，黄河总能为我们注入澎湃的时代力量，最终成为我国民族团结和统一复兴的精神文化信仰支柱。

13.1.3　传统文化时代价值

考古学家刘庆柱先生指出："在中华民族发展史上，中原地区发挥着极其重要的作用，它们集中反映在鲜卑人建立的北魏王朝，从长城地带的山西大同迁到河南省内的洛阳，发展壮大了中华民族的政治文化格局，多民族中央集权制国家得以建立，黄河文化也成为多民族形成的'国族'——中华民族的核心文化。"中华民族发展史上有着里程碑意义的事情是北魏王朝迁徙到黄河流域的中原地区，以开放的胸怀，把伊洛河与黄河所构成的河洛文化、沁河与河内文化、济水与河济文化，以及淮河与黄淮文化推向新的高度。汉族祖先长期活跃在中原地区，孝文帝迁都洛阳之后，制定了一系列礼乐制度，先后实施了一系列重大改革措施。其内容主要包括：禁穿胡服；改定郊祀宗庙礼；禁鲜卑语，改用汉族语言；改鲜卑复姓；改变籍贯；等等。河南地处中原，作为农业大省，水资源具有极其重要的地位，黄河作为水源提供地，孕育了河南灿烂的地区文化和古代都城。

黄河流域传统文化源远流长，新时代必须挖掘相关时代文化价值。传统文化只有闪耀时代精神，才能具有更久远的生命力。黄河文化是中华文明的重要组成部分，历经千百年的历史沉淀，蕴含着伟大的劳动精神、创新精神和民族精神。应深入挖掘，广泛宣传，讲好黄河故事河南篇章，展示黄河文化魅力，弘扬真善美、传递正能量。在现实生产生活实践中，要考虑如何把传统文化与当前时代价值元素相结合，践行习近平新时代中国特色社会主义核心价值观。

13.1.4　传统文化未来展望

黄河的长度是有限的，黄河在民族心理上的重量却是无限的。习近平总书记在河南视察工作后亲自召开座谈会，把黄河流域生态保护和高质量发展确定为国家战略，强调深入挖掘黄河文化蕴含的经济、社会、环境、时代价值，讲好黄河故事，延续历史文脉，坚定文化自信。2020 年 1 月，习近平总书记在中央财经委第六次会议上再次发出"大力弘扬黄河文化"的号召。从习近平总书记浓厚的"黄河情结"，到第十一届全国少数民族传统体育运动会期间 56 个民族的兄弟姐妹欢聚在黄河岸边，再到央视春晚将分会场设在黄河中下游分界点的郑州，有一种深意一脉相承，那就是彰显母亲河的伟大凝聚力和中华民族的强大向心力，振奋民族精神，塑造文化自信。天地之中，文化之心。中原文化在黄河文化中处于中心地位，是黄河文化的基本支撑和集中体现。中原大地创造的每一项奇迹、绽放的每一个精彩，也都浸透着黄河文化的滋养。黄河的气势磅礴让我们对黄河充满敬畏，黄河的悠长博大养育了中华儿女，让我们对黄河充满了感恩。央视春晚凸显"黄河主题"，并将分会场设在郑州，是对中华民族文化本源的自觉回归，是对历久弥新文化传统的由衷致敬，也是对中原大地在"黄河故事"中重要角色地位的充分肯定。

黄河是不断变迁的，从西到东情况极为复杂。黄河流域西部主要是游牧民族的游牧文化，中部和东部主要是农耕文化。黄河文化包括黄河流域物质、精神和制度层面的所有文化总和。而以关中与河洛为代表的黄河文化，不仅是核心文化，也是主干文化，更是我们所认识的狭义的黄河文化。

以开放的心态，努力在新时代奏响黄河大合唱最强音。与时俱进，凝聚奋进新时代的精神力量。进入新时代，黄河流域文化若想重现光辉，必须加入新的时代元素，使黄河流域文化重新迸发出时代最强音，焕发出昔日的辉煌。黄河流域孕育出了母亲情结，同根同源的民族认同感可以支撑强大的寻根寻祖行动，深入挖掘姓氏文化旅游资源，为了国家、民族的团结、繁荣、富强做出应有的贡献。要有大的气派、大的构想、大的谋划。一个大的城市必须依傍大河，有大的江河穿城而过，使城市更有朝气、更有魄力，更加增强了城市的魅力。要接纳多种文化，依据黄河流域文化旅游资源优势，打造具有国际影响力的黄河流域精品文化旅游路线。这就需要在国家顶层设计和区域协同开发上下足功夫，全力推进黄河文化资源整合与文化旅游协作，在保护黄河流域生态环境的前提下促进黄河流域文化旅游的可持续高质量发展。

13.2　传统文化旅游开发原则和方法

13.2.1　开发原则

文化旅游开发需要遵循一定的原则：存真、深挖、活化和延伸。首先要在客观的基础上尊重历史，在现有资源的基础上复原原有资源。例如修旧如旧，尽量使用传统工艺和材料。其次是深挖内涵，丰富内容。如利用各种人物的喜怒哀乐和事物的前因后果，通过细节打动游客，让旅客清晰地感受历史文化。再次是活化，把虚的文化做实，让游客能够直接看到物质背后的文化故事。最后还可以通过互联网的强大传播力，把文化旅游资源传播出去，后续通过影视作品和动漫等影音载体将文化资源进行多途径开发和利用，积极开发文化旅游类商品，多产业链融合发展。

13.2.2　开发方法

从国内和国际的发展实践看，文化旅游产品应当具有一定的规模，尽量集中布局。小、弱、散的状态很难吸引游客。区位市场和门槛效应决定了要创造条件，做出规模，做大做强。首先是归类，完成从点到类的抽象化；其次是扩面，从点做到面；再次是延线，利用点拉出发展历史链，依据时间线介绍历史故事；最后是拓链，形成产业链，利用民间故事做出文化产业，甚至文化产业园区。

借助开发原则和方法，化资源为产品，化无形为有形，化虚为实开拓文化旅游市场。文化旅游资源走向市场还需要具有制造媒体热点事件等文化营销意识，通过运用低成本网络直播或者营销网红产品，促进文化旅游的创新发展。发展文化旅游时，政府需要引导投资商提高文化和市场经营水平，做出精品文化旅游品牌，传播文化的同时发展壮大文化旅游产业。

13.3　传统文化旅游开发的基本路径及方式

13.3.1　基本路径

黄河流域传统文化旅游资源的开发侧重于建筑类和遗址类等资源。

（1）让古代建筑类的旅游资源重新焕发生机，修旧如旧的古建筑让游客体验古人生活工作的场所，了解古代建筑的风格和外形。

（2）向游客展示充满地方魅力的人文活动，包括：婚俗与特色食俗、传统与现代节庆活动、民族文化和文学艺术类旅游资源。例如各种地方菜、茶、水果、地方剧、山歌、文化节、重大历史事件、名人事迹等。

（3）尽量挖掘当地独特的旅游商品类资源，例如刺绣、年画、剪纸、雕刻等。

13.3.2　开发方式

文化旅游有多种开发形式，如博物馆、主题园或风情街、表演、节庆等。

（1）博物馆。例如名人故居和一些主题博物馆。

（2）主题园或风情街。开发手段主要有原生自然式、复古再现式、集锦荟萃式和原地浓缩式。

（3）表演。通过表演本身的宣传和带动作用，充分发挥表演的各种功能，如场景、服饰、餐饮等时代流行特征元素。

由于黄河流域的广泛性，作为文化载体的旅游资源比较分散，客观条件制约着旅游门槛和集聚要求，这样就需要设计精品文化旅游线路和景区，把这些优质资源串联起来，吸引更多旅游者到此品美食、住民宿、观美景。

13.4　黄河流域传统文化旅游资源及特点

黄河作为中华民族的母亲河，悠久的农耕历史承载着厚重的历史文化。由于黄河流域广泛，不同地区产生了不同的文化习俗，这些文化习俗反映着当地先民的生产生活习惯，黄河流域文化的包容性又使得黄河流域文化海纳百川、博大恢宏。俗语说："千里不同风，百里不同俗。"千百年来，黄河流域的百姓织其衣冠，筑其梁屋，果其口腹，担其出行。这些举动看似普通，实则皆是传统习俗。各个地方的生产生活方式不同，形成黄河流域不同地区的习俗差异。

13.4.1　传统居民文化

早期居住在黄河流域的半坡先民利用天然山体或者土岭建造半地穴式的房屋，现今河南省三门峡地区的地坑院和山陕等地的窑洞都是这种穴居方式的变形延伸。黄土高坡特殊的地质地貌环境给了当地黄河流域先民特殊的资源，他们一般采用靠崖式居住方式，因地制宜地利用环境优势挖建窑洞。黄河流域上游的土质粗糙且戈壁较多，不适合挖窑，而黄土高坡的深厚结实土层就非常适合挖窑居住。河南省荥阳等地采用打井开挖地下的方式，建成地坑院，具有冬暖夏凉的特征，这也是窑洞所具有的特征，深得黄河流域先民的喜爱并流传下来，成为黄河流域的穴居特色。

13.4.2 传统服饰文化

黄河流域人民的衣服饰物以素雅简单、实用为主，质地多为棉布。从季节来看，百姓夏日着一层布制衣服，春秋穿内外两层抵御凉风的夹衣，冬日穿填充了棉絮软毛等物的棉袄，以抵御寒冷，平日里农忙耕作以短打为主。比如劳作在黄河中下游流域的祖先们，为了劳动方便，多穿无裆棉裤，外面罩上单裤，适合劳作和长途跋涉。在长期的日常生活中，百姓衣着也是为了方便劳作。比如冬季寒冷时，黄河流域祖先们会用黑色棉质布带将裤腿儿扎住，在抵御寒冷的同时可以防止灰尘进入。夏天扎住裤管可以防止昆虫进入。在陕西、河南一带，普通百姓头上系一块头巾既可遮挡沙尘又可擦汗。黄河流域先民在特殊的节日里，根据习俗穿戴特殊服饰，给孩童穿绣着癞蛤蟆、蜘蛛、蝎子、壁虎和蛇的五毒兜肚的习惯在河南、陕西、甘肃等地流行。

13.4.3 黄河流域传统文化旅游资源的地方特色

黄河流域独特的地理环境造就了黄河流域独特的生产生活方式，长久流传下来的习惯风俗成就了黄河流域的传统文化地方特色。从总体上看，具有以下几个特点：

（1）黄河流域的传统文化旅游资源具有多样性，传统文化的产生与环境是密切相关的。黄河流域干旱的气候特征决定了草原植被的大面积覆盖，进而发展出不同的游牧文化，黄河流域的黄土高坡地质地貌特征为黄河流域的祖先挖建窑洞作为生活场所提供了条件。

（2）黄河流域的传统文化旅游资源具有包容开放性。黄河流域的祖先占据草原，游牧的生产生活方式产生了黄河流域特有的游牧文化，在历史发展中，黄河流域的传统文化并没有失传，而是以开放包容的心态接纳其他种类文化，从而绽放更加璀璨的文化光芒。

（3）黄河流域的传统文化具有连续性。尽管黄河流域自然灾害频发，但这并没有导致黄河流域文化的断层，反而使人们在对抗各种灾害中练就了吃苦耐劳、不屈不挠的民族个性，这让黄河流域的传统文化充满活力和顽强的生命力。白驹过隙，时代发展到现在，黄河流域传统文化依然有着它强大的经济、社会和政治文化价值。

13.5 黄河流域传统文化旅游资源创新发展

黄河流域传统文化旅游资源的创新发展离不开载体，若想把黄河流域传统文化通过载体发扬光大就需要旅游的介入。要用黄河流域传统文化节点、主线和片区串联黄河流域传统文化旅游景点、路线和景区。核心主题涉及产品统领、功能聚焦和形象强化，分主题则涉及产品多样化与市场的多元化。有了文化主题，功能布局和线路便有了着落，地域化文化产品和活动便有了创意空间。当代旅游业的发展趋势，使得当代旅游者的市场需求日益多样化，尤其是文化旅游参与性和创新性，必须最大程度满足这些需求才能在未来旅游业发展中获得极高份额。

13.5.1 黄河流域传统文化旅游资源当代创新发展路径

13.5.1.1 用文化创意挖掘黄河流域传统文化旅游资源

现代旅游业依托旅游资源建立实虚相间的旅游产品，优化资源组合。用文化创意挖掘黄河流域传统文化旅游资源，对即将遗失的传统文化旅游资源进行抢救、整理、挖掘与重现，并且进行更深层次的民族文化旅游价值探索，在挖掘整理的基础上突出民族感、亲切度，筛选出核心黄河流域传统文化当代新价值，侧重于借助可视文化载体全方位地展示、侧重于其互动性价值的充分发挥、侧重于旅游者心境体验的满足。开发层次性、系列化和高品位的文化旅游产品重要的是围绕核心价值，重塑黄河流域传统民族文化旅游产品和文旅产业品牌形象。

13.5.1.2 用文化创意创造增强文化旅游产品核心竞争力

用文化创意创造黄河流域传统文化旅游产品，主要从以下三个方面入手：一是选准切入点，突出黄河流域传统文化旅游产品的层次性；二是提炼主题，突出黄河流域传统文化旅游产品的系列性；三是丰富文化内涵，突出黄河流域传统文化产品的高品位性。突出黄河流域传统文化旅游产品、旅游场景和旅游环境的文化性特征，并且凸显创意黄河流域传统文化的旅游产品对传统文化旅游需求日益多元化的关怀与满足。黄河流域传统文化旅游产品的主题越鲜明，创意主体层次和视角越突出，越能通过强化、充实、剪裁、协调和烘托等创意手法，使其文化内涵得到充分发挥，为旅游者带来丰富深刻的旅游体验。

13.5.1.3 以文化创意旅游提高旅游吸引力

随着社会的发展和人们对文化旅游品位要求的提升，当今旅游整体环境的策划和设计打造就更应注重文化和人文内涵的挖掘，充分满足旅游者在旅游过程中的各种需求，尤其是精神方面的需求。整个旅游环境要求有新的表现方式，黄河流域传统文化资源、黄河流域传统文化资源旅游思想、黄河流域传统文化资源旅游精品都需要创意。整个黄河流域所具有的传统文化旅游环境需要处处有创意，打造地方对外推广黄河流域文旅项目的亮丽名片。

13.5.1.4　符合旅游市场需求的文化创意

为了更好地发展黄河流域传统文化资源旅游业，除了设计出有吸引力、创造力的产品外，还需要强化营销。首先是构筑黄河流域传统文化产品竞争优势，用体验的创意思维创造黄河流域传统文化资源旅游产品。最好的营销方式是旅游者的口碑，最好的广告宣传是顾客的满意，旅游者的好口碑来自对旅游产品的真实体验。旅游企业从黄河流域传统文化资源旅游产品与服务的生产者转变为体验的策划者，将旅游者感觉、感受甚至思维等诉求融入黄河流域传统文化资源旅游产品的创造，构筑竞争优势。其次是建立目标客源市场的品牌忠诚度，用弹性的思维进行营销。针对不同的旅游人群、不同的客源市场、不同的黄河流域传统文化资源旅游产品体系，在营销主题、内容、形式、渠道等方面采用不同的有效营销策略。

13.5.2　黄河流域传统文化旅游资源当代创新发展方式

13.5.2.1　黄河流域传统文化宣传演出

若想成为具有旅游吸引力的文化旅游城市，必须具有鲜明特色，根据当代旅游市场的需求，围绕黄河流域传统文化的主题线，打造符合现代游客口味的传统文化旅游项目，通过项目的实施带动，发展与黄河流域传统文化相关的产业，使之成为新的区域增长极，集聚更多人气，达到跨越式的高质量发展。随着时代的进步和科技水平的提高，人们的旅游需求日益多样化，传统的观光旅游已经不能适应旅游发展的时代脚步，传统旅游项目以静态展示为主，旅游客体体现的仅仅是观光功能，极度缺乏体验性和深度游览性，不能满足现代旅游者的需求。让科技和资本进行高效对接，广泛采用情境体验、影视场景、游戏玩法、动漫形象、个性创意商品、生态建筑景观及丰富演艺活动，让黄河流域传统文化资源从静态到动态，活起来，呈献给旅游者完美的深度文化体验，从而使旅游者乐在其中。有研究表明，文化演出直接受益与其对周边相关产业带动效益的比率为1∶7，黄河流域传统文化旅游资源的开发可借助文化创意演出来驱动产业发展，与其他产业相比，这种方式对环境污染和破坏较少，产生的效益辐射范围很大，是黄河流域传统文化旅游资源与现代旅游业互动融合的最佳经济模式。要在文化创意新的引领下，使旅游业复合其他相关产业，实现黄河流域传统文化资源与现代旅游业的耦合互动，形成新的旅游产品，带动旅游的综合消费，提升黄河流域文化产业附加值，延伸黄河流域传统文化资源旅游产业链条，拓展发展空间，真正实现产业集群之间的互融。

13.5.2.2 创建黄河流域传统文化相关主题街区和主题公园

黄河流域的传统文化街区蕴含着丰富厚重的黄河流域文化，极具黄河流域地方特色，详细真实展现了黄河流域的各种人文风情，浓缩了黄河流域祖先的生产生活等。黄河流域传统文化街区自身承载大量信息，包括历史与现代的物质及精神、建筑及生活、饮食及出行等方面。在处理好保护和开发的关系的基础上，通过合理的规划开发和严格的制度管理，可以取得更好的生态经济、社会和环境等方面的综合效益。随着国民文化素质的不断提高，古老的黄河流域传统文化街区会吸引越来越多的寻根人和休闲旅游者。黄河流域传统文化主题公园注重黄河流域传统文化的展现，以黄河流域传统文化为主题，利用黄河流域传统文化的符号及实物设计相关主题景区，再利用黄河流域传统文化的互动和参与性打造具有黄河流域传统文化特色的旅游项目和场所，让旅游者体验黄河流域丰富的传统文化，激发黄河流域传统文化的当代价值，创新发展黄河流域传统文化新领域。

13.5.2.3 黄河流域传统文化节庆

把旅游和节庆结合起来，形成新的节庆旅游文化资源，体现地域的风土人情。随着国家对美丽乡村的建设及对农民生活的重视，丰收节横空出世（这是对劳动者最大的致敬），黄河流域传统文化应利用好此类节日庆典，大力发展黄河流域传统文化在此类节日庆典中的引领作用，拓宽黄河流域传统文化与现代旅游的互动路径。

黄河流域传统文化创意具有一定的公益性，通过树立黄河流域传统文化旅游资源品牌，提升产品价值等多元化模式，降低投资风险，保障无形和有形资产的升值。

第14章

黄河流域农耕文化旅游资源
创新发展

14.1 农耕文化旅游资源定义

狭义的农耕文化是指在早期劳动分工基础上的长期农业生产生活过程中所形成的一种习俗，核心是农业服务和农民自身的生活，包含儒家、道家等各类宗教文化思想①。广义的农耕文化是指以传统农业为基础的农业生产、农民生活、农耕制度以及与之相适应的道德、民俗、文化、宗教信仰等意识形态的总和，产生于农民长期的农业生产和生活中，以思想意识形态和价值观念为核心②。在农业生产过程中，需要用农耕器具进行生产，产生了农耕器具的物质文化，当然在使用农耕器具过程中也会产生诸如吃苦耐劳、不屈不挠等农业劳动方面的精神财富。它既包括农耕遗址、地域民居、农耕器具、农业书籍、水田水利等有形的财富，也包括农业科技、农业思想、农业制度与法令、农事节日、习俗礼仪、饮食文化等无形的财富③。

黄河流域居民世代以农业生产为主要发展对象，旱地的农业特征又制约着农业的发展，因此，有必要大力发展农业灌溉水利工程，解决农业发展过程中的用水难题，投入大量的人力、物力进行水利工程建设。由于黄河流域的这种投资代价不是一个家庭或部落群组所能承担的，是一个稳定的统一的国家来负担承建的，所以也从侧面证明了国家的稳定

① 孙川.农耕文化在观光农业规划中的表达［D］.重庆：西南大学，2014.
② 陈文化.中国古代农业文明史［M］.南昌：江西科学技术出版社，2005.
③ 农耕文化主题园建设理念［J］.北京农业，2015（21）：4-7.

和强大。

经济的快速发展必然带来许多问题,诸如环境污染、食品安全问题频出、资源匮乏、生态环境遭到严重的破坏等,这些都会使发展陷入瓶颈。要想从根本上解决这些问题,首先就要明白人与自然和谐相处才能长效发展的道理,重视环境友好型社会建设,而农耕文化中所蕴含的观念为此提供了良好的发展道路。合理地开发利用自然资源,顺应客观自然规律,深入研究黄河流域农耕文化的思想内涵,有助于我们形成新的协调人与自然和谐共处的生态环境观念,实现经济社会稳定长效发展。

14.2 黄河流域农耕文化的特征及当代价值

14.2.1 黄河流域农耕文化的特征

(1) 典型的北方旱地农业需要遵从自然。

黄河流域干旱状况比较常见,气候特点是冬春干旱夏季多雨,土壤类型主要是黄土及次生黄土,这些气候条件和土壤条件非常有利于旱作物的种植。粟最大的特点是耐干旱,早在新石器时代,人们就有种植粟的习惯,而后随着农业种植的多样化,黄河流域种植的小麦、玉米、大豆等农作物依然是与环境相适应的旱地农作物,这与黄河流域所处的地理环境和气候条件相适应,这就是顺应天时,遵从自然的表现。

(2) 黄河流域农耕文化灿烂多元。

黄河流域祖先从事农业生产,产生了丰富的农耕文化历史,最终发展成为璀璨的农耕文明,直到现在依然指导着我们生活的方方面面。黄河流域先辈们在农业生产过程中,掌握了精耕细作、蓄水保湿、作物沤肥和作物轮耕等多种黄河流域农业种植经验,意识到水利工程对于干旱农业发展的重要性,兴建水利工程。在生活饮食方面,因地制宜形成了以小麦、玉米、大豆、红薯等旱地作物为主食的饮食文化,由于水资源的短缺，旱灾频繁，从事农业生产的农耕人在科学技术极端落后的农耕社会只能祈求龙王等神灵降雨，以期获得好的收成，由于各种客观因素的存在，比如旱灾或者战争等，黄河流域农耕人群不断迁移，黄河流域的农耕文化也随着这些黄河流域的农耕人群进行传播，随着历史的不断推进，不同区域的农耕文化相继融合，形成了辉煌灿烂的中国农耕文化。

（3）黄河流域农耕文化各显特色。

受到传统封建思想及交通条件不便的影响，在原始农业及传统农业时期社会人口流动率低，不同地域的社会风俗习惯有着很大的区别。由于流经九个省区的黄河流域全长 5000 多公里，黄河流域的上中下游各自呈现不同的地域特点。黄河流域上游多为山地，利于产生游牧农耕文化，黄河流域的中下游多为丘陵和平原，利于产生深厚的农业种植文化，形成了黄河流域不同地区农耕文化巨大的差异性。

14.2.2　黄河流域农耕文化的当代价值

（1）促进人与自然关系和谐。

大约 1 万年前，黄河流域气候温暖，降水量较多，此外，黄河流域的土壤多为黄土和次生黄土，土壤肥沃且疏松，土壤状况优良，抽水和排水能力强，养分和水分易上升被农作物所吸收，适于农作物的生长，黄河流域农耕文化就在这样优越的地理位置、良好的自然条件下应运而生了。

（2）生态环境促进乡村旅游发展。

黄河流域具有 5000 多年的文明历史，形成了许多独具地域特色的农耕文明，包括物质农耕文化要素和非物质农耕文化要素，将这些农耕文明要素提取出来就成为乡村旅游的核心与灵魂①。农耕文化中的农耕

---

① 刘邦凡，王静，李明达 . 试论我国乡村旅游的休闲治理［J］. 中国集体经济，2013（32）：70-73.

体验为乡村旅游注入活力，乡村旅游不只满足游客的吃、喝、玩、乐，更重要的是调动游客主动参与的积极性，使其通过参与农事活动来了解当地的民俗风情，感受农耕文化给予的精神熏陶，给游客带来心灵上的抚慰及精神上的震撼①。

（3）形成勤劳务实的民族风尚。

种瓜得瓜，种豆得豆。黄河流域的农耕文化铸就了中华民族勤劳务实的道德风尚，劳动人民日出而作，日落而息，在生产过程中积累了宝贵的种植经验和农事理论，勤劳务实地开展农事活动，如此生生不息，铸就了中华儿女勤劳务实的民族精神。

14.3 黄河流域农耕文化要素

14.3.1 农耕器具

黄河流域农业生产离不开工具，农耕器具是农民进行农业生产的利器，农业节气反映气温变化，如小暑、大暑、处暑、小寒、大寒②，利用农耕器具耕种土地，收获粮食及各种经济作物，保证黄河流域居民的持续发展和传承。常见的农耕器具包括：为农业种植做准备的整地及播种器具，用于收获运输、清选脱粒和晾晒存储的农业器具。用于收获的农耕器具可分为收获器具、运输器具、脱粒器具、清选器具以及晾晒器具。按照农耕器具功能的不同可将农耕器具分为：耕种类、管理类、收获类、储藏类③。

14.3.2 农田水利

黄河流域居住地祖先开始农业生产活动，最早出现在新石器时代。

---

① 夏学禹. 论中国农耕文化的价值及传承途径 [J]. 古今农业，2010（3）：88-98.

② 曹军. 二十四节气：中国"第五大发明" [J]. 地理教育，2017（6）：64.

③ 娄婧婧. 中原地区传统典型木质农耕器具研究 [D]. 长沙：中南林业科技大学，2013.

由于黄河流域所处的地理位置及降水量较少，在农业生产过程中遇到的最大问题就是干旱，要解决农业生产中的干旱问题，取得较好的农业收成，就必须提供充足的水资源，引黄河水灌溉就成为黄河流域沿岸农业发展必经途径。夏朝有关于农田水利工程的记载，到了商朝，从甲骨文田字的字形中可以看出，每块田地之间是有排灌沟渠的。西周黄河流域已经形成了有灌有排的农田水利系统，有了很大的发展。春秋战国时期铁质工具的广泛使用让农业生产力有了较大的发展，黄河流域水利工程也达到了一个全新的高度。西汉时，又修建了汉渠和汉延渠等，东汉时基本保持西汉时的水利工程规模。魏晋南北朝时期，由于战事不断，新修水利工程寥寥无几，旧的水利工程遭到毁坏。宋朝掀起了引黄放淤和改碱治田的高潮，形成了大片肥沃土地，极大地促进了当时黄河流域农业的发展。金元明清农田水利工程起起伏伏，到了鸦片战争时期已经停滞。1949 年新中国成立以后，黄河流域农田水利工程在国家大力支持下取得突飞猛进的发展，灌溉面积大幅度增加，农作物年年增产，到处呈现一片繁荣的景象①。

14.3.3　仪式制度

在古代农业社会时期，黄河流域的居民非常重视农业的生产发展，在此基础上产生了一些关于农神祭祀等农业生产发展的礼仪制度。在中国封建社会，农业占据主导地位，是中国封建社会发展的决定性产业。当时，由于科学技术的落后，粮食、经济作物种子及水利灌溉技术落后，严重制约着农业的发展，人类无法抵抗各种自然灾害，处在原始农业阶段的劳动人民认为这是上天神灵有意惩罚人类的结果。为了获得农业的充足发展，提供生产生活物质保障，人类开始祭拜神灵，祈求他们的保护，免于自然灾害，获得农业丰收。皇帝亲耕的礼仪显示其对农业生产的重视，也为文武百官做出示范，反映了劳动的重要性，告诫每个

---

①　王质彬. 黄河流域农田水利史略［J］. 农业考古，1985（2）：177-186.

人必须履行自己的职责。农业社会时期的周朝，每年要举行一次国家大典——亲蚕之礼，中华民族古代男耕女织的社会把蚕桑纺织的发明者尊为蚕神，黄河流域对蚕神有很高的崇拜，亲蚕之礼是由皇后所主持并率领众嫔妃采桑喂蚕，以此来鼓励妇女勤于纺织。自周代以后，历朝历代多有沿袭这样的礼仪制度，以示对于农业经济的重视①②③。

14.3.4　农学思想

根据黄河流域长期的农业实践活动总结出的生态和谐农学思想是凝结着黄河流域先民智慧的结晶，到现在依然影响着我们的农事活动，农学思想是黄河流域农耕文化的重要组成部分，指导着黄河流域的农业发展，使得现代农业实现更高质量发展。

主要的农学思想包括农时观、三才观、生态循环观等。农时观是伴随着农业的起源而发生的，黄河流域的先人们在农业生产过程中会按照时间顺序开展各类农事活动，称之为"农时"。"稼"指作为农业生产对象的农作物，农业生产的主体是人，农业生产的环境条件由天和地共同构成。将农作物与自然环境和人类劳动看成一个统一整体，农作物在其共同作用下生长的过程是相互协调关系下的自然规律，在开发利用自然资源、发展农业经济的基础上尊重自然，同时注重保护自然资源，防止无限制的开发利用，为保障社会经济的可持续发展，必须保护好基本的现代农业生态环境系统，以便实现现代农业的高质量发展。

14.4　黄河流域的农耕文化历史与现代农业

黄河流域农耕文化是中华民族千百年来智慧的结晶，蕴含着丰富的

①　史志龙. 西周、春秋时期的农神研究［D］. 开封：河南大学，2007.
②　李玉洁. 黄河流域农耕文化述论［J］. 黄河文明与可持续发展，2008，1（1）：81-90.
③　宗宇. 先蚕礼制历史与文化初探［J］. 艺术百家，2012，28（S2）：95-98.

哲学历史、文化艺术等内容，将这些蕴含着中华民族智慧的结晶融入现代农业中，可以为农业持续发展指引方向。

黄河流域农耕文化中，因为存在地区差别，所以蕴含不同地域饮食特色，比如用小麦做成的各种特色面食，还有各种庆祝丰收的节日庆典。人文因素决定了不同区域独具特色的风俗习惯，将这些元素应用到现代农业中，增加了现代农业的景观异质性、文化特异性，为游客呈现丰富多彩的画面、场景，增加现代农业的观光参与性。黄河流域农耕文化强调人与自然和谐相处，尊重自然，合理利用自然资源，促进生态系统平衡的天人合一的农学思想。可持续发展理念，强调各种生产生活资源的节约和重复利用。几千年来，黄河流域居民世代耕种，具有丰富久远的农耕文化历史，这些传承下来的黄河流域农耕文化对现代社会农业的科技发展也具有重要的参考价值，必须通过一定的载体来体现，而现代农业园就为农耕文化的继承与发扬提供了表达载体。可在植物、建筑、道路、水体、活动场所等各个构成空间中，将农耕文化中蕴含的物质元素和非物质元素与现代农业园中的景观要素相融合，通过合理的展现，帮助游客从各个角度了解黄河流域农耕文化的魅力。

黄河流域的特色农作物种类繁多，可选取一定的农作物种类，将其种植在现代农业园园区内，打造出独特景观，丰富园区的景观内容，提升园区的观赏性及景观价值。在现代农业园区内建设农业生产活动体验中心，营造出充满黄河流域特色的农业劳动场景。黄河流域农耕文化内含"天人合一"的农学思想，包含着黄河流域先民们的智慧。我们一直强调人地和谐理论，发展现代农业科学也要尊崇人地和谐的生态学理论，顺应自然规律，合理利用土壤资源和水资源，保持水土平衡，促进生态系统的稳定，保护环境，发展高质量农业。让生态系统发挥自我调节功能，维护生物多样性，发挥黄河流域农耕文化在现代农业园中的生态价值。黄河流域农耕文化是几千年来深厚的文化底蕴的见证，超出本身具有的物质功能，已成为地域的文化特色。

第15章

黄河流域红色文化旅游资源
创新发展

用好红色资源，讲好革命故事，弘扬英雄精神，坚定理想信念。

党的十八大召开后，全国各地学习党史蔚然成风，中国共产党百年华诞的到来，更是激励人们通过学习党史，以史为镜、以史明志激发国民奋斗的信心和动力，在奋发有为的工作实践中实现中华民族的伟大复兴。党的十九届五中全会也强调文旅产业的发展，尤其是把红色旅游资源充分挖掘出来，为实现乡村振兴战略做出贡献。

15.1 红色文化旅游资源内涵

15.1.1 红色文化旅游资源概况

历史遗址旅游资源把革命活动遗址按时代分类为太平天国和早期反抗外来侵略活动遗址、辛亥革命遗址、北伐战争遗址、土地革命战争遗址、抗日战争遗址、解放战争遗址。历史遗址类旅游资源包含了红色旅游资源。在马克思主义指导下，在中国共产党的领导下，中国人民在实现民族解放和民族独立的过程中以及社会主义改造和建设的过程中创造了先进文化，拥有革命历史文化遗址与纪念场所等物质资源及红色革命精神等非物质文化资源。这些红色文化旅游资源承载着为民族求解放、为国家谋独立和为人民谋幸福的永恒记忆。红色旅游资源主题突出，带有明显的政治色彩，在不同的历史时期，革命斗争的中心位于不同的地区，但多位于偏僻落后的地区。

进入新时代，中国特色社会主义的红色文化引领作用更加突出，在人们思想观念日益丰富多样化的今天，亟须凝聚人心来面对日趋激烈的国际竞争，提升国家文化软实力，增强文化自信，开发红色文化旅游资源，挖掘红色文化旅游资源的时代价值，把握其中的政治文化、经济教育价值的时代内涵。在新的发展阶段，要传承我们的红色基因并弘扬红色文化，精准对接乡村振兴。新时代红色旅游资源创新发展的主体是青少年，中国许多地区都拥有红色旅游资源，已经成为学生思想政治教育的基地。

15.1.2 红色文化旅游资源的政治价值

中国从封建社会和半封建半殖民地社会走过，红色文化说明了共产党执政的历史必然性，从浙江南湖到北京天安门，从井冈山到延安，都有着历经重重磨难的红色文化的政治价值，抗日战争、解放战争后最终实现了新中国的成立，红色文化包含了共产主义的理念信念，培植了勇于牺牲的无私奉献精神，为伟大的革命事业取得最终胜利提供了强大的精神财富，同时始终贯彻实事求是的工作方法，将马克思主义和中国革命实践相结合，探索出一条符合中国国情的农村包围城市的革命道路。

这些红色文化记忆向大家展示了党的核心领导和军民同心的鱼水之情。党和人民创造了历史，凝聚着血肉亲情，齐心合力战胜各种天灾人祸，充分体现了党与人民同呼吸共命运的红色文化精神信念。

红色文化内涵中"不忘初心，牢记使命"的政治宗旨增强了民族认同感，是我们中华民族伟大复兴的现实动力，也是巩固党的执政地位的重要思想武器。水能载舟亦能覆舟，人民群众的政治认同是我党执政的基础，也是维护政治稳定的基础，维护好政治秩序有利于社会的稳定发展。红色文化内涵在传播政治意识、引导政治方向时会起到纠正人民群众政治立场的作用，从而排除各种杂音干扰，防止"和平演变"和政治误导。红色文化所承载的艰苦奋斗精神和实事求是的实践方法，对以后的各项工作具有良好的指导作用。

15.1.3　红色文化旅游资源的文化价值

中国特色社会主义实践有助于中国特色社会主义文化的繁荣发展。红色文化旅游资源带着固有的时代印记，体现了初心使命的时代特点，利用红色文化旅游资源使当地百姓脱贫致富是新时代的经济、社会、政治、环境、文化的需要，这些追求抛去完全抽象的价值标准，让百姓真切地享受新时代国家的发展红利。当代红色文化基因特色促进了我们中华传统文化向现代迈进，中国共产党创造性地把马克思主义的基本原理同中国的具体实际相结合，探索出了中国的革命建设发展道路，结合传统文化弘扬了红色文化的精神，奠定了新型文化地位，革命烈士事迹发生地、重大战役旧址和重要名人故居等都成为红色文化的物质遗存，也是红色文化旅游资源的重要来源。这些红色文化物质遗存作为历史红色文化旅游资源的见证，宣传了延安精神、长征精神，这些融入了中华优秀传统文化的民族精神文化，成为当代我国重要的精神财富。

15.1.4　红色文化旅游资源的经济价值

革命的硝烟已经远去，但是红色文化的物质遗存及由此倡导的革命人文精神却是永恒的。红色文化旅游资源逐渐显示出巨大的经济效益，尤其是运用市场化手段，在突出红色文化旅游资源精神价值的基础上，获得巨大的产业发展，得到了社会的广泛认可。若是失去红色文化旅游资源的特点，其吸引力会大大降低，从而影响红色文化旅游业的发展。红色文化旅游资源开发需要从内容和形式等方面进行创新。从历史人物的成长经历到革命烈士的牺牲奉献，从重大历史事件到普通英雄人物的奋斗过程，都包含着爱国主义、勇于牺牲奉献、爱好和平等内容，形式包括红色小说、电影、戏曲等，适应新时代人民群众生活文化水平提高的市场需求。

15.1.5 红色文化旅游资源的教育价值

中国城镇化进程加快，进入新型城镇化阶段，社会矛盾发生了深刻的变化，人们对美好生活的追求日益提高，物质生活水平提高了，精神需求也会跟着提高。在满足人民群众需求的同时，注重培植优秀民族精神，也是中华民族伟大复兴的强烈需要。为了民族复兴而艰苦奋斗的精神已经融入中华民族的血液之中，成为优秀的中华民族基因，从延安窑洞和"小米加步枪"开始的艰苦卓绝的革命精神导向符合时代发展需要，符合青少年发展需要。崇高的理想信念包含着悲壮感人的英雄事迹，也是我们中华民族的脊梁，激励着新时代每个个体的奋斗激情和爱国情怀。依靠学校、家庭、社会的共同宣传及法制的力量，对个体进行思想教育行为规范，挖掘新时代的文化价值，不断拓展新的思路，让红色文化旅游资源的教育与新时代实现伟大复兴的中国梦相结合，发挥更大作用。

把具有历史性、实践性、趣味性、教育性的历史遗址类旅游资源展示给学生，具有重大的教育意义，并且会起到事半功倍的效果。要发挥思想政治多元化载体的协同效应，在日常管理、教学或活动中，思政教育将革命活动遗址类旅游资源和当前学校教育的思想品德教育相结合，让祖国的新生代更加有责任心和担当。

15.2 红色旅游资源融合青少年思想政治教育的重要意义

15.2.1 培养青少年的家国情怀

教育在人才培养过程中必须以"立德树人"为根本，培养合格接班人。青少年要想成为真正合格的人才，必须在学好专业知识的同时做到道德情操高尚、理想信念明确，成为德才兼备的接班人。革命活动遗址类旅游资源中革命基因和传统是对青少年进行思想政治教育的宝贵载体及素材，对学生具有润物细无声的家国情怀培养作用，从而弘扬革命传统，增强文化自信。

15.2.2　培养青少年的责任担当

当今时代，在多元文化思潮的冲击下，学校需要在专业课教授中主动开创思想政治教育途径，培养学生的爱国情操及担当精神。在课程中融入思想政治教育，既满足青少年求知需求，又将潜在的价值转化为与时俱进的现实需要。革命活动遗址类旅游资源是具有教育性和启迪性的思想政治教育素材。革命遗址让青少年接受灵魂洗礼，在耳濡目染中有所感悟，从而达到渗透青少年思想政治教育的目的。对于革命先辈浴血奋战、敢于奉献的奋斗历史，在和平时代过着安逸生活的青少年需要熟悉了解并体验。

15.3　革命活动遗址类旅游资源引导思想政治教育创新路径

15.3.1　提升课堂中红色文化内涵

现代学生还崇敬江姐吗？还会为小萝卜头落泪吗？还能理解红岩英烈无悔的牺牲与奉献吗？答案是肯定的。21 世纪，红岩的革命精神内涵也在不断拓展，表现出与时代发展的极大关联性和更广阔的社会空间。

在教学中，要始终把爱国思想和思政教育引入其中，对学生进行多元化的道德养成教育，着力培育学生的社会责任感。作为教师，引导学生在接触红色旅游资源时学习党史，牢记先烈们用他们的牺牲和奉献才换来我们现有的幸福生活，给学生讲授乡村振兴战略、在乡村旅游农家乐采摘时感恩党的脱贫攻坚政策……

开展思想政治教育的目的是培养有纪律、有理想、有文化、有道德的新人，培养具有中国特色社会主义事业政治方向，掌握马克思列宁主义、毛泽东思想、邓小平理论、科学发展观和习近平新时代中国特色社会主义理论，具有良好的道德品质、为人民服务的思想、崇高的审美和健康的心理素质的青少年接班人。在课堂上可以组织相关的演讲、讨论、辩论等，课下组织学生利用校刊或宣传栏介绍本地的历史遗址类旅游资源。将红色文化融入课堂文化中，提高课堂的红色旅游资源内涵。教师和教育工作者不忘立德树人初心，牢记为党育人、为国育才使命，积极探索新时代教育教学方法，利用多种渠道达到思想教育的目的。

15.3.2　为红色景区提供志愿者服务

中国共产党一百年的奋斗历史所积累的精神财富植根人民群众，昂扬斗志、攻坚克难。我们学史明理、学史增信、学史崇德、学史力行，通过学党史、悟思想、办实事、开新局。志愿服务促进了景区的党史宣传，同时也是自身对党史的感悟。"不忘初心、砥砺前行"成为新时代最强号角。

全国旅游业蓬勃发展，旅游收入和接待量都不断提高，基础设施建设逐步完善，但在历史遗址类旅游资源的发展和保护方面，还存在一些不足，比如：管理制度不完善；缺乏知识储备和专业技能技术；教育内容缺乏震撼力、感染力。历史遗址类旅游资源的开发和利用有待进一步提高。青少年可以提供志愿者服务，利用节假日为红色基地的游客做解说，使其接受革命传统教育，向旅游者发放宣传册等印有标识的纪念品。这是比思政课更有意义的实践，既推动红色旅游景区的相关宣传工作，又推进青少年思想政治教育。

15.3.3　红色影视作品等电子作品进入课堂

互联网时代，应用网络资源下载电影电视作品向青少年宣扬我们党的光辉历史，寓教于乐，不仅活跃学习氛围，还可以使学生在轻松氛围下学习革命人物的先进事迹，学习他们勇敢、忠诚的革命精神，展现为实现祖国现代化努力奋斗的先进形象和个体风尚，包括爱国主义等思想，具有深刻的价值含义，可以使青少年直观感受和了解红色旅游资源的文化内涵，潜移默化地影响他们的价值观。让学生写下观后感，增强其对红色旅游资源和影片的理解，体现革命历史人物的情怀和爱国主义情操，从内心深处提升思想觉悟。借用 QQ 群、微信等交流平台，让青少年表达思想，树立正确的人生观和价值观。还可以设计红色旅游游戏，让更多的人参与进来感受家国情怀。

15.3.4　利用互联网开发红色旅游资源

互联网时代，开发红色旅游资源时可以引入科技创新丰富旅游者的游览体验，运用智慧化管理提升红色旅游景区的服务水平。云旅游、云演艺、云娱乐、云展览等新兴产业蓬勃发展，以互联网为代表的现代信息技术正带来旅游业的蝶变，要优化"互联网+红色旅游"的营商环境，以数字赋能推进红色旅游资源的高质量开发。从线上找旅行社到线上查旅游攻略，再到网上预约景区门票，景区完善分时段预约游览、流量监测监控等措施，改善游览体验；预计到 2025 年，"互联网+红色旅游"融合更加深化，在智慧红色旅游景区，以互联网为代表的信息技术成为红色旅游发展的重要动力。随着消费升级，红色旅游会更加注重红色文化、创意和科技的应用，在 5G、大数据、云计算、人工智能、虚拟现实等新技术的带动下，红色旅游领域数字化、网络化、智能化将进一步深入，培育出更多红色旅游发展新模式。

"互联网+红色旅游"丰富和创新旅游体验方式，催化旅游业态创新，军事博物馆推出丰富多样的线上展览，架起旅游者和军事博物馆之间桥梁，实现身临其境的观赏效果，利用微信、微博和其他数字网络平台，推出数字展览、网上讲座、网上直播、网上红色游戏等传递红色文化，让旅游者在高质量红色旅游体验中厚植家国情怀和感受幸福生活。在红色旅游实现自身健康可持续发展的同时，更好满足不断升级的红色旅游消费需求，释放出更大的消费潜力。

15.3.5 参与设计红色旅游纪念品

青少年在红色旅游教育发展中的思想政治教育需要国家、社会和学校的共同参与。在红色旅游景区内，国内大部分的红色旅游景点和纪念品都是以观赏为主，面临如何满足消费者的个性化红色旅游纪念品需求的问题。开发设计特定旅游群体的专项纪念品，也是红色旅游产业振兴发展的有效动力，可根据市场需求，积极推动景区间的合作，并与创意产业合作，开发具有特殊意义的旅游纪念品，增强红色旅游吸引力，实现优势互补。青少年通过红色旅游纪念品，体验革命先辈们的情怀，接受革命传统教育，提升爱国主义情怀，提高政治觉悟。

第 16 章

黄河流域河南段乡村旅游高质量发展中的水资源节约利用调查与整理

随着区域经济社会的迅猛发展，我国人均 GDP 接近 1000 美元，成为世界第二大经济体，仅次于美国。人们的生活条件越来越好，同时旅游产业迅猛发展，越来越多的人将旅游作为闲暇时间消遣娱乐的主要方式，不论是国内游还是国外游，旅游出行人数逐年增长。据相关报道，2019 年国内的出游人数达到 60.06 亿人次，同比增长 8.4%，2019 年全年旅游总收入达到 6.63 万亿元，同比增长 11%。由此可见，旅游产业已然成为促进我国 GDP 增长的一个重要因素，其直接或者间接带来的影响都是不可忽略的。河南省地处黄河沿线关键位置，具有极其丰富的黄河文化旅游资源。省内突破行政区域，充分挖掘黄河文化资源，大力开发黄河文化精品旅游产品，通过凝练黄河文化旅游主题，对各区域黄河文化旅游资源进行分类及整合，打造黄河流域的黄河文化旅游品牌，实现旅游经济社会效益的最大化和黄河文旅优势的地方特色品牌化。可是，由于大部分旅游地水资源的节约利用意识不到位，在发展过程中总是存在不少旅游地水资源浪费的现象，不少地区甚至为了吸引游客而随意挥霍水资源，所以有必要对旅游过程中的水资源节约利用情况进行调查分析，从普通农民、旅游者到农家乐经营者，当地政府应进行多方面调查及分析，做好水资源节约利用调查与整理，并结合实际探讨如何实现循环经济型水资源节约利用及协调开发与保护平衡发展。切实提高旅游业发展过程中水资源利用水平，确保水资源利用量始终低于可持续利用量，以免短期内的过度开发影响旅游长期发展。这对黄河流域河南段乡村旅游高质量发展中的水资源的节约利用起着举足轻重的作用。黄河流域河南段具有悠久的历史文化及丰富的资源类型，且资源有较高的科学价值，因此河南具有得天独厚的优势，成为科普旅游资源类型最丰富的省份，以及地区经济新的增长极，带动相关产业高质量发展。

水是我们日常生活中不可缺少的重要资源，黄河流域河南段在开展乡村旅游活动的同时，要注重水资源的保护利用。

现阶段水资源短缺、污染等问题日益加剧，对人们生活和社会发展均造成了一定影响，积极寻求循环经济型水资源节约利用模式，对水资源环境实行保护与改善，并结合实际探讨如何实现循环经济型水资源节约利用模式的全面推广就成为一个很重要的议题。

16.1　调查对象与方法

16.1.1　普通农民

本次调查对象为黄河流域河南段境内普通农民，按地段和区域进行抽样调查，问卷针对水资源节约和环境保护问题设计了 10 个相关问题。共发放问卷 244 份，回收问卷 244 份，回收率为 100%。与此同时，我们还通过与普通农民访谈，深入了解日常生活中水资源的利用情况，对调查的深度和广度做了扩展。

16.1.2　旅游者

调查研究旅游者在乡村旅游过程中关于水资源的一些行为，并且针对这些行为提供一些解决措施，使旅游过程中的水资源消耗负担得到缓解。由于客观情况的限制，本次调查我们以线上问卷调查为主，并通过咨询到黄河流域河南段乡村旅游的不同岗位的人了解相关情况，以此来全面了解不同岗位的人在旅游过程中自身所出现的节水耗水的行为。在本次问卷调查中，我们针对旅游过程中旅游者的一些有关水资源方面的行为提出了 10 个问题，回收问卷 244 份。

16.1.3　农家乐经营者

本次调查对象为黄河流域河南段境内乡村旅游地的农家乐经营者，按地段和区域进行抽样调查，问卷针对水资源节约和环境保护问题设计了 10 个相关问题。本次调查在黄河流域河南段境内共发放问卷 96 份，全部收回。与此同时，我们还通过与农家乐经营者访谈，深入了解乡村旅游所在地水资源的利用情况，对调查的深度和广度做了扩展。通过选择题形式，对旅游地决策者的节水意识、旅游地存在的不规范用水问题以及决策者的管理形式进行考察，对黄河流域河南段乡村旅游的水资源问题及决策者对于水资源节约的看法与建议有了大体的了解。

16.1.4　当地政府

本次调查对象为黄河流域河南段境内乡村旅游地的行政官员，问卷针对水资源节约和环境保护问题设计了 10 个相关问题。本次调查在黄河流域河南段境内共发放问卷 96 份，全部收回。调查分为网上问卷调查和实地调查两种形式。通过线上问卷调查，我们初步了解到了一些政府官员对于旅游旺季水资源节约的看法；通过线下问答，我们能较直接地获得一些政府官员对此问题的看法和建议。

16.2　结果分析

16.2.1　普通农民调查结果分析

普通农民对于我国水资源现状尤其是黄河流域河南段的水资源现状已经给予了关注，从概念上对节约用水也有了新的认识，在理论上能接受水资源的二次利用。但我们在走访调查中发现，在实际生产生活中农民对节约用水很少付诸行动，而且浪费的现象随处可见。从宣传节约用水问卷结果分析，普通农民对乡村开展宣传活动满意度不高，其原因在于宣传者在宣传过程中并没有讲明节约用水的前因后果，只是停留在口号上的宣传，使得受访者不能形成思想上的共鸣，达不到良好的宣传效果。而对于水资源质量，普通农民都保持了高度的警惕性，重视程度高。水资源质量的好坏关系着我们的生活质量及乡村旅游活动的开展。由于合理用水观念的薄弱，乡村旅游地的普通农民没有真正做到计划用水，没有认识到浪费水、破坏水的危害性，没有认识到缺水的严重性和节水的重要性，政府应加大宣传力度，增强人们节约用水的意识。

16.2.2 旅游者调查结果分析

本次调查问卷主要从旅游者自身节约水资源的意识、旅游者作为公民的责任担当以及旅游者自身的素质三方面来进行有针对性的调查。

16.2.2.1 旅游者自身节约水资源的意识

为了研究旅游者自身节约水资源的意识，我们针对性地设置了4道题。根据第1题结果可知，"旅行中不因劳累而扔掉未喝完矿泉水"人数接近3/4。这组数据表明：主观意识上我们会最大限度地利用自己手里的价值资源，并使其发挥到最大限度。第2题"在旅游时你会用矿泉水洗手吗?"结果表明，有48.36%的人在旅游过程中会用矿泉水洗手，51.64%的人不会用矿泉水洗手。关于第4题，有58.2%的人"在旅游过程中会因为天气太热而用矿泉水给自己降温"，有41.8%人不会这样做。关于第7题"当你在景区旅游需要洗手时，你会用景区里的小河水洗手吗?"，有57.79%的人会在必要的时候用小河里的水洗手，但有42.21%的人不会这样做。从这三组数据分析可知，当自身的需求得到满足时，大部分旅游者会利用身边的资源去解决自己的内在需求。要想从源头制止污染水资源及浪费水资源，可以在景区旅游者行进的路线中提供生活用水的设备设施，这会在一定程度上节约水资源及保护水资源。

16.2.2.2　旅游者作为公民的责任担当

保护水资源离不开我们每一个公民，从自己做起，从小事做起，积小流而成江海才能使水资源匮乏的现状得到改善，这是我们的责任，也是我们应尽的义务，我们设置了 3 道题来进行调查。对于第 3 题"当你在旅游过程中发现景区水管漏水或者爆管时，你会及时向景区工作人员反映吗?"，有 77.05% 的旅游者在发现水管有异常情况时会及时报告给景区的相关工作人员，但也有 22.95% 的公民不会这样做。除此之外，对于第 5 题"当你在旅游过程中看见有其他游客长时间打开水龙头但未使用时，你会上前建议他关闭水龙头吗?"，有 81.97% 的旅游者会去阻止这种浪费水资源的现象，但仍有 18.03% 的人会视而不见。对于第 10 题"当你在景区旅游时发现景区内有水管出现拧不紧漏水的情况，你会及时向景区工作人员反映吗?"，有 72.13% 的公民会及时将水管漏水等浪费水的情况向景区工作人员反映，但也有 27.87% 的公民不会这样做。从上面三道题的调查情况分析，绝大多数公民对自己身上的义务和责任很清楚，知道保护水资源需要从自身做起，从实际做起。但仍然有大概 1/4 的公民袖手旁观，视而不见。出现这种现象很大程度上是因为游客害怕惹祸上身。查阅近几年报道，网上有很多关于游客好心劝阻及时关闭水龙头和提醒其他人不要随便乱扔垃圾而遭到辱骂的负面新闻，所以在调查中出现这种问题是可以理解的。但就目前情况来看，我国人口众多，水资源匮乏状况十分严重，形势不容乐观。需要出台相关的制度来规定景区必须定时检查水管等相关水系设施，设立相关水系设施排查部门，按时排查景区的所有水管等相关水系设施，确保不会出现水管漏水或者是水管爆管等情况，建成感应开关水装置，避免不必要的损失。

16.2.2.3　旅游者自身的素质

随着我国经济社会高质量发展，在物质文化日益丰富的今天，在生态旅游的时代感召下，我国公民也受到了相关的环境保护知识熏陶和教育，整体国民素养都得到提升。为了解在旅游过程中，我国国民素质情况，我们在问卷中设置了3道题。对于第6题"当你在旅游过程中，用水龙头洗手时，你会将水龙头开得过大吗？"，有25%的游客会在洗手的过程中将水龙头开得过大，但也有75%的游客不会这样做。从数据分析可知，25%的游客会觉得这种现象所浪费的水资源很少，可以忽略，但以发展的眼光看，此类现象应该引起我们思想上的重视，并在实际中践行厉行节约的风气。随着生活水平的提高，游客的素质得到很大的提升，环保意识也在加强。对于第8题"当你在景区自助饮水时，你未喝完的水会随手倒掉吗？"，有34.02%的人会倒掉自助饮水机中自己未喝完的水，但有65.98%的人不会扔掉，要解决此类问题应建立"谁使用谁付费"的制度体系，利用市场机制来管理公共物品。在水资源的使用上严加把控，在一定的程度上能缓解我国目前所面临的用水压力。对于第9题"当你在景区旅游时，如果你发现该景区用了一种新型触控水龙头，你会因为好奇而多次触控让其流水吗？"，有25%的旅游者会因为好奇而多次触碰让其出水，但仍有75%的旅游者不会这样做，年龄较小的孩子会觉得好奇或者好玩而多次触碰从而导致浪费水的情况发生，但对于大人，这种情况很少出现。要预防此类现象发生，可以用高新技术设备对水进行二次循环处理利用，不仅可以满足人们的好奇心，也不会浪费水资源。有很多水龙头会出现残留的水流从龙头颈流出造成浪费的情况，但我们可以截留在龙头颈内的水流，在水龙头下次开启时作为第一道水流供人们使用，这样也会对水资源起到一定的节约作用；还要尽可能地给每个水龙头加上防漏系统，避免因一些低级错误造成损失。

16.2.3 农家乐经营者调查结果分析

调研得到的数据反映出的黄河流域河南段境内农家乐经营者的情况如下。

16.2.3.1　农家乐经营者的节水意识

要想充分了解旅游地水资源利用是否存在问题及存在哪些问题，首先要对农家乐经营者的节水意识进行考察。农家乐经营者作为旅游地的决策者，对旅游地乡村旅游的未来发展方向起着潜移默化的作用，并决定着旅游地是否可以在水资源节约道路上迈下坚实一步。在问卷的开始，我们要求被调查人按照实际情况进行填写，求真务实，消除弄虚作假的现象，旨在保证统计数据的准确性，更是为后面设置的调查问题打下基础。

第 1 题，"当前水资源短缺，水资源问题日益严重，作为乡村旅游业高质量发展环节中的农家乐经营场主，是否会意识到并关注水资源问题的重要地位?"，84.04% 的旅游地经营者选择了"是"，13.83% 的经营者选择了"可以考虑"选项，只有 2.13% 的经营者选择了"没有注意过"。这些数字显示出大多数经营者对水资源问题是有关注的，少部分人对这一问题持不置可否的态度，会考虑这一问题，但是仍有极少部分的经营者平时没有及时关注到自身旅游地发展中存在的水资源问题。这些数据说明了在旅游地发展过程中，存在乡村旅游经营者对于水资源保护态度不同的问题，也间接说明了经营者可能因为受教育程度和对资源保护意识不同，对水资源节约利用这一问题的观点存在差异。值得注意的是，大多数经营者（84.04%）对于水资源节约这一问题的回答是乐观的，这反映了他们在发展过程中会有意识地注意自身发展中存在的水资源浪费行为。对于少部分人没有关注或表示可以考虑自身发展过程中存在的水资源问题，经过分析，可能是这些旅游地地处偏远地区，水资源相对来说较为丰富，水价较低导致的。政府需要及时应对问题和反馈，比如及时对水价进行调整，对水价进行分阶收费，对不同吨位的用水采取不同的收费办法；不定期派遣专门的调查人员对不同的旅游地进行抽查，对违规浪费水资源的景区及时劝阻，情节严重的应及时进行通报批评。同时，对于节水状况比较好的景区进行表扬，鼓励其他旅游景区学习模仿。采取政府干预和督导的政策，才能更好地鼓励旅游地经营者关注自身旅游地发展中存在的水资源问题，保护水资源，在乡村旅游市场中营造节约用水的良好氛围。

16.2.3.2 旅游地存在的不规范用水问题

调查问卷设置的旅游地存在的不规范用水问题建立在经营者有关注到自身存在的旅游地水资源节约问题这个环节之上，如果经营者没有关注到自身发展中存在的水资源问题，那么这个问题的设置是不太合适或者是没有意义的。为了更好地涵盖旅游地可能存在的不规范用水问题，我们在设置选项时从较大的方面尽量包含了一些常见问题，并设置了"其他"这一选项，以使其他答案得以包含在考虑范围内，使统计数据更加全面、合理和规范。同时，调查的结果会反映出景区发展过程中可能存在的水资源利用不合理的地方，这为景区对其进行整改提供了依据，为更好地践行资源节约贡献一己之力提供了实现的可能。

第2题，"作为某农家乐经营者，你觉得自身发展过程中有哪些水资源利用不规范问题?"，这一问题设置为多选题，选择"没有明确的节水规范制度"和"污水处理不恰当"这两个选项的占48.94%，选择"没有明确的节水规范制度""基础设施达不到节水要求"和"污水处理不恰当"的占29.79%，15.28%的经营者选择了"污水处理不恰当"和"基础设施达不到节水要求"，仅有6%的经营者选择了"其他"选项。从这些数据中我们不难看出，"没有明确的节水规范制度"占很大比例，这表明大多数景区并没有明确制定用水规范这一制度，人们对于用水行为的认知仍停留在个人意识层面，依靠道德约束这一意识形态来管理和使用水资源，景区并没有实际对用水习惯进行合理规范，进行严格可视化管理。在这种情况下，用水习惯对水资源的利用起到决定性作用。在不考虑其他因素的情况下，用水习惯是因人而异的，用水习惯好的游客会在用水后及时关闭水龙头，但是用水习惯差的游客自觉性较差，很多人在用水过后并没有及时关闭水龙头，导致大量水资源白白浪费。与此同时，年龄小的游客由于节水意识淡薄，用水后可能不会及时关闭水龙头，或在没有看护人及时制止的情况下肆意挥霍水资源，大量水资源会因此浪费。与此同时，"污水处理不恰当"也是一个重要因素，位于第二。资料显示，2019 年中国市政污水排放达到 608 亿吨，但是日污水处理能力大约为 580 百万吨，在一定条件下，农村污水处理并不能满足污水排放要求，大量污水没有经过及时处理就排放到了周围的小河或溪流中，导致农村人口中与环境污染密切相关的恶性肿瘤死亡率逐年上升，造成了严重影响健康的类似事件，使得农村水资源安全遭到破坏。乡村旅游中的旅游景区地处农村和山区等一些基础设施相对落后的地区，污水排放与污水处理并不成比例。尽管农村中工厂等高污染企业相对较少，但是也不乏生活污水对水资源造成较大污染。因此，水污染合理排放不仅对水资源保护友好，对生态环境的保护也有潜移默化的影响。次于"水污染排放不合理"的是"基础设施达不到节水要求"，占比为 45.07%，数据表明，几乎一半的经营者认为旅游地存在水资源利用不合理现象是因为用水设施达不到节水要求。因为一些智能用水设施造价较高，部分经营者出于成本的考虑没有选择这些用水设施，而是选择了一些造价较低但是用水量较大的设施。因此一些用水设施（比如水龙头）由于材料达不到要求，在用水过后不能关紧或者相比其他造价高的水龙头在较短时间内发生损坏，从而因为没有及时处理造成了水资源的大量浪费。选择"其他"选项（6%）的经营者，经我们询问过后，他们指出不太确定自己旅游地存在哪些水资源利用不规范问题。这反映出了极少部分经营者不能很好地找出自身存在的问题。因此，我们提出的建议是政府统一对乡村旅游景区制定规范，严格执行相关制度。同时，对市场上用水设施进行价格管理，避免价格过高或过低，让刚起步的或是小型乡村旅游地景区可以支付得起，为早日实现节水型农村旅游奠定基础。

16.2.3.3 农家乐经营者的管理形式

农家乐经营者的决策行为在很大程度上可以改变乡村旅游地当下及未来的发展方向。因此，密切关注经营者的行为，可以更好地映射出旅游地的发展模式，发现旅游地用水行为是否符合节约用水的规范要求。问卷设置的问题主要从经营者对节水设施的改进、员工节水意识的培养、旅游地如何向节水型方向发展等几个维度展开，除了单选题，我们还在问卷中加入了问答题，旨在保证经营者的想法可以更好地在结果中展示出来。

第 3 题，"在工作过程中，作为农家乐的老板，你是否觉得员工具有较好的节水意识？"，回答为"是"的经营者占比为 54.26%，回答为"否"的占比为 45.74%，比例大致持平。数据显示大约一半的经营者认为自己的员工在工作过程中有较好的节水意识，同时统计人数当中的另外一半经营者认为员工没有较好的节水意识。同时，对于第 4 题"在上一题的条件下，你是否会组织员工学习相关节水利用及其规范制度？"，87% 的经营者选择"是"，10% 的经营者选择了"否"，只有 3%的经营者的选择是"没有必要"。与此同时，对于第 9 题"作为农家乐经营者，你觉得应该怎么更好地提高员工的节水意识？"，"对员工进行相关知识讲解"占比为 38.3%，"定期组织员工观看水资源利用问题的视频"占比为 37.23%，"激励支持节水意识较高的员工"比例仅为 24.47%。对员工进行相关知识讲解、定期组织员工观看水资源利用问题的视频和激励支持节水意识较高的员工这三项选择比较均衡。这一数据建立在经营者认为员工节水意识不太乐观，并想提高员工节水意识的情况下。毫无疑问，员工是景区中维护修养景区，保持旅游地可以持续良好发展的主要负责人员。他们的用水行为直接影响着旅游地是否朝节水型方向健康有序发展，而且他们是旅游地水资源利用的主要人员，所以有必要将员工用水行为习惯纳入考虑范围。数据显示 86.71% 的经营者会在以后旅游地发展过程中组织员工进行水资源相关利用制度和规范的学习，表明大多数经营者会注重员工节水意识，组织员工集中学习用水规范，发挥自己的力量来践行节约水资源这一主题。值得思考的是，仍有少数（13.29%）的经营者在员工节水意识不强的情况下不会组织其学习相关使用规范及知识。我们深入了解到这些经营者是在考虑到员工时间紧迫、景区工作任务沉重繁忙等因素后，选择了"否"或是"没有必要"。第 6 题，"为了更加彻底地贯彻习近平总书记倡导'绿水青山就是金山银山'绿色发展理念，作为农家乐经营者，你觉得旅游区应怎样更好地实现节约用水呢？"，选择"对树木、草地等实行喷灌灌溉"的为 34.04%，选择"改换较好的用水设施（比如水龙头使用感应式等）"的为 50%，选择"种植节水优质作物"的比例为 11.7%，只有 4.26% 的人选择了"加大节水标志数量的投入"。不难看出，经营者对较好的节水型用水设备"情有独钟"，比例达到了一半，相比之下，选择"加大节水标志数量的投入"这一选项的比例仅为 4.26%，"对树木、草地等实行喷灌灌溉"和"种植节水优质作物"占比分别是第二和第三。数据表明，选用节水标志这一策略并不受经营者欢迎。实际上，在生活中我们可以看到大多数人对张贴节约利用水资源的标志视而不见，少数人即便看到了节约用水标志，在用水过后也没有及时关闭水龙头。因此我们不难知道大多数经营者不选择这一选项的原因。相比之下，使用节水型用水设备起到的作用比较明显，在用水后水龙头会及时关闭，可以有效阻止浪费水资源的现象发生。同时，"对树木、草地等实行喷灌灌溉"也占大约 1/3 比例，使用喷灌等用水设施，避免大范围漫流，在节约水资源上也能起到不可忽视的作用。选择"种植节水优质作物"占比仅为 11.7%，大多数经营者并不看好作物节水这一形式，比例稍高于"加大节水标志数量的投入"。第 7 题，"作为农家乐经营者，你觉得怎么更好地促进游客的节水意识？"，经营者选择"使用广播播报"的占比为 26.6%，选择"张贴节水标语"的为 34.04%，选择"大力宣传节水型作物果实，吸引游客"的比例为 39.36%。数据表明，"大力宣传节水型作物果实，吸引游客"更符合乡村旅游发展。乡村旅游对发展经济、带动农村剩余劳动力就业、保护生态环境、促进乡村振兴起到关键作用。在发展现代农业技术时必须把种植节水型农作物作为首要考虑点，不仅可以改变农村旅游地风光，还可以在果实成熟后卖出去，一举两得，所以不难看出经营者更倾向于这一选项。了解经营者对于水资源的看法和建议，对于更好更快地发展农村旅游和转变农村旅游地发展模式有着举足轻重的作用，为快速实现节水型旅游模式提供理论支持。

第8题，"作为农家乐经营者，你觉得政府有必要对于实现新型节水型乡村旅游实行新的规范制度吗？"，选项为"有必要"的比例为81.91%，选择"没有必要"的占比为5.32%，同时选择"可以广泛征求意见"的比例为12.77%。不难看出大多数农家乐经营者更依赖于政府的举措，仅有少部分（18.09%）经营者对政府是否实行新的规范制度不关注。第10题，"作为农家乐经营者，你觉得政府可以为促进旅游地向节水型方向转变做些什么？"，选择"资金支持鼓励"的经营者比例为30.85%，选择"实施相关政策激励"的比例为32.44%，选择"定期对旅游地管理者进行集中培训"的占比为24.47%，而选择"其他"选项的占比为12.24%。根据数据，我们不难知道，经营者对实施相关政策激励更敏感，资金支持鼓励仅次于它。同时"定期对旅游地管理者进行集中培训"和"其他"相比之下，比例并不高。我们综合以上数据，建议政府制定对乡村旅游利好的制度，表彰一些先进乡村旅游景区，尤其是节水型旅游地发展较好的景区，鼓励其他景区学习和借鉴，为实现节水型乡村旅游而努力。

16.2.4　当地政府调查结果分析

16.2.4.1　政府官员的决策

政府官员作为旅游地的引领者和规划者，在面对涉及当地发展的重大决策性问题时对节约用水会起到关键的作用。他们做出的一些决定上传下达后，随着时间的推移，大众的认知程度、接受程度都会提高，大众的想法可能也会相应发生一系列的变化。所以，了解政府官员们在乡村旅游中水资源利用这一方面所做决策是十分重要的。

第 1 题，"旅游旺季，作为政府官员，在迎接大批游客时，要注意哪些节水问题?"，根据调查结果可知，该乡村旅游地 46.81% 的政府官员都比较注重"因游客节水意识不强而造成的水资源浪费"这一问题；39.36% 的政府官员则认为，在这一时间节点上更需要注重"水资源污染"这一问题；而 13.83% 的政府官员则认为在旅游旺季时，应该更加注意"水资源短缺"的问题。这些数据表明，绝大多数的政府官员都认为游客、大众的节水意识不够强，大部分政府官员认为可能会有因游客密度增大、游客素质以及节水意识参差不齐而造成的水资源污染，只有一小部分的政府官员认为会有因游客密度突增、用水量急剧增大而造成的水资源短缺。

这种局面的出现恰恰也从侧面反映了该乡村旅游地的政府官员在面对旅游旺季时所做出的节水、用水决策以及日常宣传工作中可能存在失衡现象。就如选项中的"水资源短缺"，只有少部分的政府官员会考虑到这一情况的发生，但实际上，这种情况的发生并不少见，在搜索引擎上输入"旅游景点　缺水"，会弹出一系列景区没有水有多痛苦的相关报道，由此可见，这些作为规划者和引领者的政府官员在做出决策时并不能做到完全平衡。而大多数政府官员选择的"游客、大众的节水意识不够强"，也能侧面反映出政府日常工作中对于节约水资源的宣传工作并不十分到位。

针对这一现象，旅游景区内的相关部门与政府官员应出台相应措施并加强景区内的节约水资源、保持水源洁净的宣传工作，作为规划者和引领者的政府官员，应在一些决策中对大众起到潜移默化的影响。增强景区内有关节水、维护水环境的宣传，游客和居民们的节水、维护水环境的意识也必会随时间推移而加强。

第 2 题,"作为政府官员,你认为政府为何要提高水价?",该乡村旅游地参与调查问卷的政府官员有 70.21% 选择了"这样做是为了缓解水资源压力"这一选项;有 19.15% 的政府官员则认为"这样做增加了水户的负担";而 10.64% 的政府官员选择了"我不关心这个,听从安排"这一选项。从这个结果中能看出来,绝大多数的政府官员在做出"提高水价"这一决策时,是站在节约水资源的大环境下考虑的,这也能说明绝大部分的官员心中是常怀节水意识的。而接近二成的政府官员则做出了"这样做增加了水户的负担"的选择,这其实能看出该旅游地的政府官员首先从常住居民出发考虑问题,这未尝不可。而少数政府官员则表现出了"我不关心这个,听从安排"的不作为态度。

选择前两个选项的政府官员只是站在了不同的出发点上,"是首先考虑可持续发展还是先考虑大众生活需求",这是时代发展中必然经历的矛盾。

出发点不同造成的矛盾应该怎样解决,需要政府官员多加考量,多进行实地调研、线下意见征集,应多听、多思考民众的建议和意见,这并不只是在旅游景点才会出现的矛盾,政府官员要力争在二者之间找到可行性与满意度的平衡。而对于一些持不作为态度的政府官员,应多进行思想教育,避免其最终走上歪路酿成大祸。

第 6 题,"作为政府官员,您会采取一些什么措施,来向民众宣传节水意识?",该乡村旅游地 38.3% 的政府官员选择了"统筹规划,让下级去筹备"这一选项;32.98% 的政府官员选择了"开展工作单位的普及教育活动"这一选项;23.4% 的政府官员选择了"电视、广播等媒介"这一选项;只有 5.22% 的个别地方政府官员选择了"报纸杂志"这一选项。

通过分析"电视、广播等媒介"和"报纸杂志"这两个选项相差较大的结果,我们能发现,随着时代的进步和信息化时代的到来,纸质类读物已经渐渐淡出我们的视线,电子产品的兴起,使新媒体、电子读物逐渐充斥着人们的世界。将节水问题铺于纸面似乎没有将它放进电子屏幕里那么行之有效，作为规划者和引领者的政府官员应该乘势而为，将节水问题也"潮流化"，让大众更好地接受，问题也就能够得到更好的解决。

16.2.4.2 政府官员对于节水问题的看法和建议

政府官员们对于事情的看法和建议关乎他会做出的决策与判断，通过分析该旅游地政府官员的看法和建议，我们能提出我们的想法和解决方案、止损方法。

第4题，"作为政府官员，您认为以下哪些方法可以有效保护水资源？"，该题为多项选择题，该乡村旅游地82.98%的政府官员认为应该"提高节水意识，培养个人良好节水习惯"；78.72%的政府官员选择了应该"加强管理、加大宣传力度"；76.6%的政府官员选择了应该"多次利用水资源"；67.02%的政府官员选择了应该"加强废水中有用物质的回收"；而58.51%的政府官员则选择了应该"普及节水型电器在生活中的应用"这一选项。

该题五个选项的被选择率都超过了半数，这说明在每一位政府官员的心中，该题的每一个选项都是他们心中较为有效的节水方式。这能够表明，有效节约水资源、保护水环境的可行途径有很多。那这就能够说明，其实节约水资源的重点并不在于选择怎样的途径和方式，而是在于怎样将想法落到实处并让其产生效果和影响。对于不局限于乡村旅游地的政府官员来说，怎样将"有效节水手段"落到实处，是一个值得思考的问题，也是一个值得讨论的问题。而对于乡村旅游地的政府官员来说，解决了这类问题，将会以一种更加绿色、更加符合社会主义生态文明建设的方式振兴乡村旅游业，进而推动乡村旅游业高质量发展。

第10题，"作为政府官员，您觉得有必要让所有人都养成节水的好习惯吗？"，该乡村旅游地有90.43%的政府官员选择了"很有必要，这是每个人应有的素质"这一选项；6.38%的政府官员选择了"我只管好我自己就行"这一选项；3.19%的政府官员选择了"完全没必要"这一选项。此题能反映出在该乡村旅游地参加问卷调查的政府官员心里，"节水"这一意识的重要性和地位。

通过此题的结果我们能看出，绝大部分的政府官员心中的节水意识所占比重都很高，这也有利于该旅游地节水工作的开展。近一成的政府官员对待该问题则表现出了不作为的态度。这不仅不利于节水工作的展开，长此以往，在该种不作为的政府官员领导下的地方和民众也会受到相关的不利、消极负面影响。

第8题，"作为政府官员，您认为面对现在的水资源问题，应该怎么样解决?"，该乡村旅游地有55.32%的政府官员选择了应该"以身作则，以自身行动，带动和影响他人"这一选项；有31.91%的政府官员选择了"节水问题是肩上背负的责任"这一选项；有8.66%的政府官员选择了"自身注意节约用水"这一选项；有4.21%的政府官员没有选择以上选项，最后无奈地选择"无能为力"这一选项。此题旨在调查该旅游地政府官员对于节约水资源这一问题的看法，若政府官员始终能将节水问题牢记于心、付诸行动，乡村旅游地节水问题必将不会成为一直悬在我们头上的剑，日益困扰我们。

由此题的调研结果我们也能得知，半数以上的政府官员都能做到以身作则，以自身行动去带动和影响他人。三成的政府官员也能将节水问题视作自身的职责所在。只有一成左右的政府官员抱着不作为的态度来面对目前日益严峻的水资源问题。

针对该种不作为，政府官员应加强自身的思想建设，要始终记得自己是"百姓官""百姓友"，人民当家作主、以人为本高质量发展是我们中国特色社会主义制度优势，也表明我们伟大的国家治理体系符合中国特色社会主义制度，这种优势不断促进我们提升治理国家的能力，最终让人民共享国家的财富和荣誉。政府官员要始终牢记使命，为人民服务而不是为自己牟私利。

第5题，"作为政府官员，您觉得哪种节水宣传产生的影响力最大？"，该乡村旅游地有32.98%的政府官员选择了可以"宣传一些缺水地区的生活状况"这一选项；25.53%的政府官员选择了可以"普及缺水地区的自然现象"这一选项；各有19.15%的政府官员选择了可以"讲述一些水资源匮乏的实事"和可以"陈列生活中浪费水的细节"这两个选项；只有3.20%的少量政府官员没有选择以上选项，而是选择了最后的"其他"选项。该题旨在统计该乡村旅游地的政府官员在面对有关节水问题的宣传工作时，会选择哪种宣传手段去宣传节约用水这一现实问题，且能造成一定影响。

此题三个选项"宣传一些缺水地区的生活状况""普及缺水地区的自然现象""讲述一些水资源匮乏的实事"的出发点都是从"对比反差"方面下手，试图通过一些实际缺水的案例来唤醒人们的节水意识，呼吁人们节约水资源、保护水环境。从此题的结果上我们也能看出，该乡村旅游地近八成的政府官员都选择采用这一手段去宣传节约用水，这表明，这种"对比反差"的方式产生的影响力是较为突出的，也是切实可行的。

16.2.4.3　政府官员的示范效应

政府官员作为他所处地区的规划者和引领者，所做出的决策和自身的言行，都会潜移默化地影响和改变所领导地区的民众。对于这一示范效应，我们可以将它用到节约水资源、保护水环境的工作中去。该旅游地政府官员自身的示范效应以及榜样力量，能带领一大批人走在乡村旅游节水道路的前列。

第3题，"作为政府官员，您在家里是不是经常教育自己的家人节约用水？"，该乡村旅游地74.47%的政府官员选择了"经常教育并以身作则"这一选项；22.34%的政府官员选择了"偶尔教育"这一选项；只有3.19%的政府官员选择了"从不教育"这一选项。

从数据上我们能分析出，该乡村旅游地绝大多数的政府官员都能做到将节约用水牢记于心并以身作则，以榜样之力带动身边人一起节约水资源、爱护水环境。只有极少部分的政府官员在日常生活中并无这方面的考虑和行动，这类政府官员应时刻铭记自己带来的榜样力量会造成多大的影响，尽量增加政府官员的正面示范引导作用，减少负面影响，在全社会营造出节约水资源和保护生态环境的良好氛围。

第7题，"作为政府官员，您是不是经常做到一水多用？（比如洗了脸的水再洗脚，最后冲马桶等）"，该乡村旅游地有54.26%的政府官员选择了"经常这样"这一选项；37.23%的政府官员选择了"偶尔这样"这一选项；8.51%的政府官员则选择了"从来不这样"这一选项。

此题立意与第3题相似，都是旨在调查政府官员能否在日常生活中做到节约用水。通过分析我们可以得知，该地近九成的政府官员都能够以身作则，做到"一水多用"。只有少数政府官员的心中没有节约用水的概念。

针对此类问题，政府官员还是应加强自身素质教育和思想教育，时刻认清与牢记自身榜样的力量，应努力发挥好榜样力量，做好示范去影响身边人、影响更多人。

16.3 结论与建议

16.3.1 普通农民调查结论与建议

通过此次调查数据分析可知，在节约用水方面，个人和宣传者没有形成共鸣，在节约用水意识上没有达成共识。个人在日常生活中，没有监管体制，没能形成节约用水的好习惯、好方法。因此，我们提出以下节水建议：

（1）建立水高消费机制，超出标准的量，做一定的经济补偿。

（2）宣传者应加大力度宣传水资源的重要性及我国水资源的现状，让更多的人认识到循环经济型水资源节约利用的重要性。

（3）设置奖励制度，通过以奖代补方式鼓励广大农户自己建设高效节水灌溉工程。

（4）作为农业大省的河南，若要节水必须从源头做起解决水资源的使用问题，提高农业生产中的灌溉劳动技术含量，走高效灌溉之路，比如应用管道灌溉的滴灌技术等现代高技术促进农业生产。

（5）通过高新技术平台，监测用水情况，全面推广水肥一体化技术，把节水灌溉与农艺、农技措施结合起来，才能发挥其应有的作用。

16.3.2　游客调查结论与建议

通过此次调查中旅游者在旅游过程中对于水资源的利用情况来看，我国绝大多数游客在旅游过程中是有一定的节水意识的，也知道作为公民节约利用水资源是自己的责任和应尽的义务。但仍有一部分游客节水意识淡薄，由数据分析可知，造成这种局面的很大一部分原因是先进的节水型技术得不到普遍的推广，水费价格太低，低廉的水价唤不起人们的节水意识，也抑制了更加先进的节水型技术的创新与推广。并且有数据显示，在水价进行调整后，宁夏、内蒙古 2000 年的引水和 1999 年相比分别减少了 9.1 亿立方米、3.6 亿立方米；2001 年宁夏供水量又在 2000 年基础上减少了 5.89 亿立方米，这些数据说明水价的调整具有明显的节水作用，并且可以在一定程度上唤起人们的节水意识，人们也在某种程度上认同了水价的调整。水利局可以在社会承受能力范围内适当地提高水价，对水价的区间进行一定的调整。水利局将水价提高后，必然会促进工农业节水技术的改进，景区以及个人也会比之前更加注意用水量。

节水建议：

首先是在社会承受能力范围内适当调控水价，加强经济调控手段的运用，更好唤起人们的节水意识。水价可以在适当范围内上涨，尽量采用浮动制，水价的制定不仅要体现在水资源时空上的差异，还要体现在用水质和量上的差异。

其次是保证黄河不断流，对黄河的水量制定统一的调度制度。因为黄河水资源年际变化和年内分配很不均匀，农灌用水高峰期和来水量不对应，并且只有黄河中上游地区和下游地区的用水协调互补，才可以保证黄河不断流。所以，应该尽快出台新的法律，建立水价机制等来适应市场机制的要求，并且也要形成统一的管理体制，将水资源合理地按照计划分配，保证黄河不断流。

最后是针对水资源现状以及按照目前形势发展我国将会面临的水资源情况，将问题实际落实到个人。同时大力宣传节约水资源，用最通俗的语言阐述最直观的节约水资源方法。相信在政府的正确带领下，我国公民严于律己，我国的水资源匮乏现状一定可以得到改善，我国的旅游市场也一定会向着更好的方向发展，黄河流域乡村旅游中的浪费水资源的现象也会得到解决。

16.3.3　旅游地经营者调查结论与建议

对于乡村旅游水资源节约利用，我们从问卷结果中不难发现多数决策者持乐观态度并愿意身体力行，为实现节水型乡村旅游而努力。

（1）地方政府应及时对乡村旅游发展过程中使用水资源存在的问题进行反馈，在乡村旅游发展过程中及时对水价进行调整，对水价进行分阶收费，对不同吨位的用水采取不同的收费办法；不定期派遣专门的调查人员对不同的旅游地进行抽查，对违规浪费水资源的景区及时劝阻，情节严重的应及时进行通报批评。

（2）政府水资源规范制度在现行的基础上做更进一步的调整，及时接受广大旅游地经营者的建议以及实时派遣专门人员对周围旅游地进行实时走访，以最大程度调整水资源相关政策。

（3）科研人员、科学家等科研工作者研发更好的节水设施，将浪费水资源的行为发生率降到最低。

（4）政府统一对乡村旅游景区制定规范用水制度，并严格执行。同时，和市场上的售卖用水设施经营者集中协商并进行统一定价，避免价格过高或过低，让刚起步或是小型乡村旅游地可以支付得起，为早日实现节水型农村旅游业奠定基础。

（5）要提高员工的节水意识，做到从自己身边点滴做起，需要景区高层制订相关节水政策，组织培训并考核本景区员工，对表现较好的员工给予适当奖励，不合格景区员工需要重新参加培训并再次考核直到成功为止，对在景区内形成节水的良好正循环氛围起到很好的示范和引导作用。

（6）旅游地经营者可以在景区内进行节水宣传等活动，比如展示旅游地开发的新型节水型作物，吸引游客注意力，将节水思想广而告之，提高游客节水意识。

16.3.4　当地政府调查结论与建议

（1）资金投入不足。乡村旅游高质量发展中水资源利用主要是基于水利基础设施的建设，水利基础设施需要大量资金支持，不过目前相关资金投入还有所不足。从水利基础设施建设方面来看，长期以来投入的资金较为有限，直接导致水利基础设施水平较低，存在设备老化严重、效率低、维护费用高等问题，难以充分发挥水利基础设施作用，不利于节约用水，影响了乡村旅游高质量发展中水资源节约作用的实现。

（2）水利专业技术水平低。节约利用水资源的实现需要较高水平的水利专业技术做基础保障。尤其是在乡村旅游高质量发展的情况下，更需要水利专业技术支持，提升蓄水工程蓄水量，提高用水效率，减少水资源浪费。不过受资金投入有限的影响，水利专业设备、技术及人才都有所不足，整体水平偏低，难免出现水利灌溉工程建设无法完全满足预期的情况，不能有效实现水资源的节约利用。

（3）水资源利用规划不合理。乡村旅游高质量发展中水资源利用量较大，必须以科学、合理的规划为基础，确保水资源能够满足乡村旅游高质量发展的长效需求。但就实际情况来看，当前水资源利用规划并不合理，主要体现在实际利用量超过可持续利用量。

节水建议：

（1）全面优化农业节水资金管理。为了保障农业节约水资源工作的顺利开展，必须确保相应的资金充足，故而有必要全面优化农业节水资金管理。

（2）加强节水前沿技术研发。水利专业技术水平主要体现在三大方面，分别是设施设备、节水技术以及专业人才，只有确保这三方面均达到一定水平，才能真正实现高效节水。

（3）协调开发与保护平衡发展。为了切实提高水资源利用水平，实现可持续发展，有必要建立水资源利用预案体系，即确保水资源利用量始终低于可持续利用量，以免短期内的过度开发影响旅游业长期发展。

（4）完善创新政府行政管理模式。对水利灌溉管理体系加以完善，能够有效提升管理水平，以管理驱动水资源高效节约利用。把责任落实到具体的部门，建立管理负责机构。

（5）加强节水管控和节水补偿及激励机制。建立取水许可水量动态调整机制，鼓励节余水指标有偿转让与市场交易。

第17章

结　论

黄河流域河南段各城市稳定发展，可持续发展驱动力强劲，尤其是郑州和洛阳。2018 年生态绿色发展较好的城市有郑州、洛阳和周口。2017 年生态绿色发展较好的城市有郑州、洛阳和周口。2016 年生态绿色发展较好的城市有郑州、商丘和三门峡。

处于黄河中下游流域的河南省，其功能定位是保护生态环境，发展生态经济。高质量发展核心实现路径：①完善政府导向控制力，创新特色产业发展模式；强调政府对在智能社会、全球化浪潮和融入国家战略中探寻黄河流域生态经济和依托"互联网+"开发绿色产品提高利润，促进经济结构转换且推行具有地方特色的新型产业发展模式的引导作用。②提升人口承载力，创新核心驱动力模式；将郑州打造为黄河流域生态保护和高质量发展核心示范区，加快推进洛阳副中心城市建设，带动中原经济区成为中国经济发展新的绿色生态发展示范区和新的增长极。③聚焦黄河流域主线，协同新型城镇化发展模式；强调河南省内黄河流域的人口迁移、水资源高效利用和基础设施建设等协同发展问题。

在黄河流域高质量发展实践中，焦作市由矿产资源枯竭型城市成功转型为现代旅游城市，以生态立市，注重山水旅游资源及太极拳文化资源相关系列的旅游业发展，同时，在康养宜居城市的建设中，注重对黄河流域传统文化的发掘、整理和开发，注重黄河流域传统文化创意的创新发展路径和模式，在缩小区域差异的实践中，注重黄河流域农耕文化的创新发展路径和模式，使得黄河流域农耕文化与现代农业高效融合，完善农村产业结构，为黄河流域文化的传承与发展提供更好的平台和载体。以开放的心态，努力在新时代奏响黄河大合唱最强音，与时俱进，凝聚奋进新时代的精神力量。进入新时代，黄河文化乘着时代东风再次焕发出强大的璀璨生命力，发挥时代文化价值，实现黄河文化的创新性发展和创造性转化也成为传承发展中华优秀传统文化的重要内容。一个大的城市必须依傍大河，有大的江河穿城而过，要有大的气派、大的构想、大的谋划，使城市更有朝气、更有魄力，更加增强了城市的魅力。汲取文化营养，近距离触碰文化脉搏并感知文化神韵，打造具有国际影响力的文旅品牌黄河文化旅游带，其既是黄河流域生态保护的重要载体，也是建设人民"幸福河"的重要体现。在国家顶层设计和区域协同开发上下足功夫，推进黄河流域的文化资源整合与旅游协作，推动沿黄区域文化旅游高质量发展，同时在传统文化与时代元素之间积极寻找突破口，与现实生活和培养践行社会主义核心价值观相结合，丰富文化内涵时延续历史文脉并不断增强其时代感，让当代的中华儿女在新时代的高质量发展过程中汲取优秀的黄河流域文化，从而坚定人民的本土文化信仰，彰显中华民族母亲河的强大向心力，塑造黄河流域文化自信的同时振奋国家民族精神。

参 考 文 献

［1］张振伟，马建琴．黄河水资源可持续发展的分配管理体制研究［J］．水电能源科学，2008，26（3）：28-31.

［2］高玉玲，张军献，崔树彬．流域能源化工有色金属工业与黄河水质研究［J］．人民黄河，2002，24（7）：21-23.

［3］金凤君．黄河流域生态保护与高质量发展的协调推进策略［J］．改革，2019（11）：33-39.

［4］陆大道．关于黄河流域高质量发展的认识与建议［N］．中国科学报，2019-12-10（07）.

［5］习近平．在黄河流域生态保护和高质量发展座谈会上的讲话［J］．求是，2019（20）：1-5.

［6］张会言，杨立彬，张新海．黄河流域经济社会发展指标分析［J］．人民黄河，2013，35（10）：11-13.

［7］陈军，成金华．中国矿产资源开发利用的环境影响［J］．中国人口·资源与环境，2015，25（3）：111-119.

［8］丁军强，张笑．关于建设资源节约型及环境友好型社会的文献综述［J］．科技情报开发与经济，2009，19（8）：149-150.

［9］王镇环．加强黄河流域生态环境治理［J］．中国人大，2018（1）：47-48.

［10］张贤平，胡海祥．我国矿产资源开发对生态环境的影响与防治对策［J］．煤矿开采，2011，16（6）：1-5.

［11］严丹霖，孟楠，杨树旺．矿产资源开发对生态环境影响的多维分析［J］．中国国土资源经济，2015，28（5）：39-42.

［12］葛荣凤，许开鹏，迟妍妍，等．京津冀地区矿产资源开发的生态环境影

响研究 [J]. 中国环境管理, 2017, 9 (3): 46-51.

[13] 张玉韩, 吴尚昆, 董延涛. 长江经济带矿产资源开发空间格局优化研究 [J]. 长江流域资源与环境, 2019, 28 (4): 839-852.

[14] 李争, 杨俊. 华东地区矿产资源开发规模扩张的生态环境响应演化 [J]. 工业技术经济, 2015, 34 (10): 45-50.

[15] 张仙鹏, 吉荟茹, 肖黎明. 中国绿色转型研究的梳理与展望 [J]. 未来与发展, 2018, 42 (8): 5-8.

[16] 吴利学, 贾中正. "高质量发展"中"质量"内涵的经济学解读 [J]. 发展研究, 2019 (2): 74-79.

[17] 高天明, 于汶加, 沈镭. 中国优势矿产资源管理政策新导向 [J]. 资源科学, 2015, 37 (5): 908-914.

[18] 王来峰. 湖北省矿产资源经济分区及管理政策研究 [D]. 武汉: 中国地质大学, 2013.

[19] 杜恩社, 周红升. 矿区资源开发的环境影响及其经济损益评价: 以河南省新密市某矿区为例 [J]. 资源科学, 2008, 30 (3): 440-445.

[20] 蒋正举, 刘金平, 杨贺, 等. 基于物—场模型的采石废弃地生态环境影响评价: 以徐州市辖区为例 [J]. 资源科学, 2014, 36 (8): 1748-1754.

[21] 刘树臣, 崔荣国. 我国优势矿产资源调控政策的思考 [J]. 中国国土资源经济, 2011, 24 (8): 4-7.

[22] 汪民. 以矿产资源可持续利用促进生态文明建设 [J]. 中国科学院院刊, 2013, 28 (2): 226-231.

[23] 范英宏, 陆兆华, 程建龙, 等. 中国煤矿区主要生态环境问题及生态重建技术 [J]. 生态学报, 2003, 23 (10): 2144-2152.

[24] 彭建, 蒋一军, 吴健生, 等. 我国矿山开采的生态环境效应及土地复垦典型技术 [J]. 地理科学进展, 2005, 24 (2): 38-48.

[25] 赵娟. 矿山环境评价与治理恢复 [J]. 煤炭与化工, 2019, 42 (2): 96-99.

[26] 朱九龙, 陶晓燕. 矿产资源开发区生态补偿理论研究综述 [J]. 资源与产业, 2016, 18 (2): 82-87.

［27］Martin R. Institutional approaches in economic geography［A］. Shepard E, Barnes T. A companion to economic geography［M］. Malden：Blackwell Publishing，2000.

［28］Yeung H W C. Rethinking relational economic geography［J］. Transactions of the Institute of British Geographers，2005，30（1）：37-51.

［29］Levy D L. Political contestation in global production networks［J］. The Academy of Management Review，2008，33（4）：943-963.

［30］金凤君，马丽，许堞. 黄河流域产业发展对生态环境的胁迫诊断与优化路径识别［J］. 资源科学，2020，42（1）：127-136.

［31］赵剑波，史丹，邓洲. 高质量发展的内涵研究［J］. 经济与管理研究，2019，40（11）：15-31.

［32］陈文静. 郑州产业集群与城镇化互动发展分析［J］. 现代商业，2019（26）：76-77.

［33］廖重斌. 环境与经济协调发展的定量评判及其分类体系——以珠江三角洲城市群为例［J］. 热带地理，1999（2）：76-82.

［34］傅伯杰，吕一河. 黄河流域要发展，加强统筹是保障［N］. 中国科学报，2020-01-07（1）.

［35］樊杰，王亚飞，王怡轩. 基于地理单元的区域高质量发展研究——兼论黄河流域同长江流域发展的条件差异及重点［J］. 经济地理，2020，40（1）：1-11.

［36］李小建，许家伟，任星，等. 黄河沿岸人地关系与发展［J］. 人文地理，2012，27（1）：1-5.

［37］杨宇，李小云，董雯，等. 中国人地关系综合评价的理论模型与实证［J］. 地理学报，2019，74（6）：1063-1078.

［38］张鑫，沈清基，李豫泽. 中国十大城市群差异性及空间结构特征研究［J］. 城市规划学刊，2016（3）：36-44.

［39］王婧，刘奔腾，李裕瑞. 京津冀地区人口发展格局与问题区域识别［J］. 经济地理，2017，37（8）：27-36.

［40］Gottmann J. Megalopolis：or the urbanization of the northeast-ern seaboard［J］. Economic Geography，1957（3）：189-200.

［41］Fang C，Yu D. Urban agglomeration：an evolving concept of ane merging phe-
nomenon［J］. Landscape and Urban Planning，2017（162）：126-136.

［42］顾朝林. 城市群研究进展与展望［J］. 地理研究，2011，30（5）：
771-784.

［43］苗长虹. 中国城市群发育与中原城市群发展研究［M］. 北京：中国社会
科学出版社，2007.

［44］方创琳，关兴良. 中国城市群投入产出效率的综合测度与空间分异［J］.
地理学报，2011，66（8）：1011-1022.

［45］孙川. 农耕文化在观光农业规划中的表达［D］. 重庆：西南大学，2014.

［46］陈文化. 中国古代农业文明史［M］. 南昌：江西科学技术出版社，2005.

［47］编辑部. 农耕文化主题园建设理念［J］. 北京农业，2015（21）：4-7.

［48］刘邦凡，王静，李明达. 试论我国乡村旅游的休闲治理［J］. 中国集体经
济，2013（32）：70-73.

［49］夏学禹. 论中国农耕文化的价值及传承途径［J］. 古今农业，2010（3）：
88-98.

［50］曹军. 二十四节气：中国"第五大发明"［J］. 地理教育，2017（6）：64.

［51］娄婧婧. 中原地区传统典型木质农耕器具研究［D］. 长沙：中南林业科
技大学，2013.

［52］王质彬. 黄河流域农田水利史略［J］. 农业考古，1985（2）：177-186.

［53］史志龙. 西周、春秋时期的农神研究［D］. 开封：河南大学，2007.

［54］李玉洁. 黄河流域农耕文化述论［J］. 黄河文明与可持续发展，2008，
1（1）:81-90.

［55］宗宇. 先蚕礼制历史与文化初探［J］. 艺术百家，2012，28（S2）：
95-98.